ABHANDLUNGEN DES METEOROLOGISCHEN DIENSTES
DER DEUTSCHEN DEMOKRATISCHEN REPUBLIK
Nr. 139

Bernd Heinemann

Numerische Untersuchungen einer instationären Planetarischen Grenzschicht

(Untersuchung instationärer Vorgänge in einer horizontal homogenen Planetarischen Grenzschicht mit Hilfe von ad hoc-Ansätzen für den Turbulenzkoeffizienten)

Mit 36 Abbildungen und 9 Tabellen

AKADEMIE-VERLAG BERLIN
1987

Diplomarbeit, eingereicht an der Humboldt-Universität zu Berlin, Sektion Physik, Bereich Meteorologie und Geophysik, Juli 1984

ISBN 3-05-500345-4
ISSN 0138-5658

Erschienen im Akademie-Verlag Berlin, DDR-1086 Berlin, Leipziger Straße 3—4

Lizenznummer: 202 · 100/447/87
Printed in the German Democratic Republic
Gesamtherstellung: VEB Druckerei „Thomas Müntzer", 5820 Bad Langensalza
Lektor: Dipl.-Met. Heide Deutscher
LSV 1465
Bestellnummer: 763 7260 (2023/139)
02400

Inhaltsverzeichnis

0. Symbolverzeichnis

C_G	$= u_*/\lvert \mathbf{v}_{G0} \rvert$, geostrophischer Spannungskoeffizient
c_p	spezifische Wärme der Luft bei konstantem Druck
c_v	spezifische Wärme der Luft bei konstantem Volumen
f	Coriolisparameter
f^*	$= 2\omega \cos(\varphi)$
g	Erdbeschleunigung
H	Turbulenzwärmestrom
H_0	Turbulenzwärmestrom am Boden
$\bar{H}$	obere Grenze des z-Intervalls im Differenzenschema
$i = \sqrt{-1}$	imaginäre Einheit
k	Turbulenzkoeffizient
k_{MAX}	Maximum des Turbulenzkoeffizienten
L	$= -\dfrac{\varrho c_p u_*^3}{\varkappa g/\vartheta_0 H}$, Monin-Obuchov-Länge
np	Exponent in der Transformation der z-Koordinate (s. (2.9))
p	Druck
q	Wichtungsparameter im Differenzenschema: $q = 1$ implizites Verfahren, $q = 0{,}5$ halbimplizites Verfahren
R	spezifische Gaskonstante
Ro	$= \lvert \mathbf{v}_{G0} \rvert/(f z_0)$, Rossby-Zahl
t	Zeitkoordinate
T	absolute Temperatur
u	x-Komponente der Windgeschwindigkeit
u_G	x-Komponente des geostrophischen Windes
u_*	Schubspannungsgeschwindigkeit
v	y-Komponente der Windgeschwindigkeit
v_G	y-Komponente des geostrophischen Windes
$\mathbf{v}$	Vektor der Windgeschwindigkeit
$\mathbf{v}_G$	Vektor des geostrophischen Windes
$\mathbf{v}_{G0}$	Vektor des geostrophischen Windes am Boden
$\mathbf{v}_h$	horizontaler Windgeschwindigkeitsvektor
$\lvert \mathbf{v}_h \rvert_{MAX}$	Maximum des Betrages des horizontalen Windvektors
w	z-Komponente der Windgeschwindigkeit
x, y, z	kartesische Koordinaten eines mit der Erdoberfläche fest verbundenen Koordinatensystems
z	Vertikalkoordinate des kartesischen Koordinatensystems
Z_M	Höhe des maximalen Turbulenzkoeffizienten
z_N	oberstes Rechenniveau im Differenzenschema
z_0	Rauhigkeitsparameter
z^*	dimensionslose Vertikalkoordinate, die aus der Transformation der z-Koordinate (2.8) bzw. (2.9) hervorgeht
α	Winkel zwischen dem horizontalen Windvektor und der x-Achse des Koordinatensystems
α_0	$= \lvert \measuredangle (\mathbf{v}_{G0}, \tau\rvert_{z=0}) \rvert$, Betrag des Winkels zwischen den Vektoren des geostrophischen Windes und der turbulenten Schubspannung am Boden
β	dimensionsloser Parameter im k-Modell von Walmsley 1973 (s. (3.2) und (3.3))
ϑ	potentielle Temperatur
ϑ_0	potentielle Referenztemperatur
$\varkappa = 0{,}4$	Kármán-Konstante
μ	$= \varkappa u_*/(fL)$, interner Stabilitätsparameter der PGS
ϱ	Dichte

τ	Betrag des horizontalen Vektors der turbulenten Schubspannung
τ_x	x-Komponente des turbulenten Schubspannungsvektors
τ_y	y-Komponente des turbulenten Schubspannungsvektors
$\boldsymbol{\tau}$	horizontaler Vektor der turbulenten Schubspannung
φ	geographische Breite
φ_B	universelle Funktionen nach BUSINGER 1971
Φ_g	irdisches Gravitationspotential
ω	Betrag des Winkelgeschwindigkeitsvektors der Erdrotation
$\boldsymbol{\omega}$	Winkelgeschwindigkeitsvektor der Erdrotation

Sonstige Symbole

$\boldsymbol{a} = (a_x, a_y, a_z)$	verwendete Vektorschreibweise
$\sphericalangle(\boldsymbol{a}, \boldsymbol{b})$	Winkel zwischen den Vektoren $\boldsymbol{a}$ und $\boldsymbol{b}$
$\|F\|$	Betrag der Größe F
Max(F)	Maximum der Größe F
∇	Nabla-Operator
Δf	bezeichnet äquidistante Gitterpunktabstände auf der f-Koordinate im Differenzenschema
C	Menge der komplexen Zahlen
$\approx$	„rund“

Die Bedeutung der weiterhin verwendeten Symbole geht aus dem Text hervor.

1. Vorbemerkungen

1.1. Zum Anliegen der Arbeit

Das grundlegende Ziel meteorologischer Forschungen sollte sein, das Verhalten der Erdatmosphäre in Wechselwirkung mit ihrer Umgebung Schritt um Schritt besser zu verstehen und beschreiben zu können, um eine friedliche und fruchtbare Umwelt für die Menschheit sichern zu helfen. Diese umfassende Aufgabe muß auch durch die Zusammenarbeit verschiedener Wissenschaftsdisziplinen realisiert werden, da die gemeinsame Forschungstätigkeit von Mathematikern sowie Naturwissenschaftlern anderer Fachgebiete aufgrund der Vielfältigkeit der meteorologischen Untersuchungsgegenstände neue Erkenntnismöglichkeiten ausschöpft. Dies gilt insbesondere für die Mitarbeit von Physikern an bestimmten meteorologischen Problemstellungen, aber auch umgekehrt, wenn man bedenkt, welche wertvollen Anregungen der Meteorologe LORENZ 1963 für die Entwicklung spezieller Gebiete der Physik im letzten Jahrzehnt erbracht hat.

Bei der Verbesserung der theoretischen Beschreibung der Atmosphäre besitzt die realitätsnahe Modellierung der sogenannten „Planetarischen Grenzschicht" (PGS) eine wesentliche Bedeutung. Obgleich sich Experimentatoren und Theoretiker in den letzten drei Jahrzehnten diesem Bereich der Atmosphäre verstärkt zuwenden, wird bei MCBEAN et al. 1979 eingeschätzt, daß bis zu dieser Zeit nicht sehr viele Untersuchungen solcher Erscheinungen innerhalb der PGS vorhanden waren, die aus dem Auftreten instationärer Vorgänge resultieren. Diesem Zweck folgend, werden in der vorliegenden Arbeit die Bewegungsgleichungen einer mittleren Strömung in der PGS unter der Voraussetzung horizontal homogener Verhältnisse mit Hilfe von ad hoc-Ansätzen für den Turbulenzkoeffizienten geschlossen.

Unter Verwendung eines numerischen Verfahrens zur Lösung der betrachteten instationären Grenzschichtgleichung wurden die folgenden Teilaufgaben bearbeitet:

1. Überprüfung der numerisch ermittelten Lösung im Vergleich mit einer auf analytischem Weg gefundenen Lösung für einen speziellen k-Ansatz.
2. Studium lokaler Beschleunigungsvorgänge in einer PGS-Strömung aufgrund tagesperiodischer Schwankungen der Stabilität.
3. Untersuchung des Einflusses zeitlicher Druckfeldänderungen auf die Luftströmung innerhalb der PGS.

Ein weiteres Grundanliegen besteht darin, die durch zeitliche Variation der Stabilität bzw. des geostrophischen Windes hervorgerufenen Instationaritätseffekte mit den Verhältnissen zu vergleichen, die sich bei gleichen äußeren Parametern unter stationären Bedingungen herausbilden.

1.2. Die Bewegungsgleichung einer instationären, horizontal homogenen Grenzschicht

Gegenstand unserer Betrachtungen ist derjenige Teil der Atmosphäre, der durch den Einfluß der Erdoberfläche die Eigenschaften einer hydrodynamischen turbulenten Grenzschicht aufweist. Diese Schicht soll im weiteren als planetarische Grenzschicht (PGS) bezeichnet werden. Die der mathematischen Beschreibung zugrunde liegende hydrodynamische Bewegungsgleichung einer mittleren, ausgeglichenen Luftströmung in der PGS wird aus der NAVIER-STOKES-Gleichung für ein rotierendes Bezugssystem nach Einsetzen der Zerlegung des Windvektors

$$\mathbf{v} = \bar{\mathbf{v}} + \mathbf{v}' \qquad (1.1)$$

(wobei $\bar{\mathbf{v}}$ den mittleren bzw. $\mathbf{v}'$ den fluktuierenden Anteil von $\mathbf{v}$ darstellt) sowie anschließender zeitlicher Mittelung gewonnen. Nach Umformen dieser Gleichung mit Hilfe der zeitlich gemittelten Kontinuitätsgleichung

$$\frac{\partial \bar{\varrho}}{\partial t} + \nabla \cdot (\bar{\varrho}\, \bar{\mathbf{v}}) = 0 \qquad (1.2)$$

erhält man unter der Voraussetzung, daß die Fluktuationen der Luftdichte ϱ gegenüber dem zeitlich gemittelten Wert $\bar{\varrho}$ vernachlässigbar klein sind, folgende Form der Bewegungsgleichung, wobei die durch molekulare Reibungsvorgänge entstehenden Terme vernachlässigt werden:

$$\frac{\partial \bar{\mathbf{v}}}{\partial t} + (\bar{\mathbf{v}} \cdot \nabla)\, \bar{\mathbf{v}} + 2(\omega \times \bar{\mathbf{v}}) = -\nabla \Phi_g - \frac{1}{\bar{\varrho}} \nabla \bar{p} - \frac{1}{\bar{\varrho}} \nabla \cdot \overline{\varrho \mathbf{v}'\mathbf{v}'}. \qquad (1.3)$$

Dabei verstehen wir unter $\frac{1}{\bar{\varrho}} \nabla \cdot \overline{\varrho \mathbf{v}'\mathbf{v}'}$ den durch die turbulenten Fluktuationen des Windvektors hervorgerufenen Beitrag zum REYNOLDSschen Reibungsterm.

Um die bei der Lösung der Gleichung (1.3) auftretenden Probleme zu vereinfachen, wird die horizontale Homogenität des Geschwindigkeitsfeldes vorausgesetzt. Aufgrund dieser Bedingung stellt die Forderung nach dem Verschwinden einer mittleren Vertikalkomponente des Windvektors w keine weitere wesentliche Einschränkung dar, da die der Kontinuitätsgleichung genügenden und durch eine zeitliche Änderung von $\bar{\varrho}$ entstehenden Vorgänge nur eine untergeordnete Rolle spielen. In

Komponentenschreibweise ergibt sich aus den besprochenen Festlegungen folgendes Gleichungssystem:

$$\frac{\partial u}{\partial t} - fv = -\frac{1}{\bar{\varrho}}\frac{\partial \bar{p}}{\partial x} - \frac{1}{\bar{\varrho}}\frac{\partial}{\partial z}(\overline{\varrho u'w'}), \quad (1.4.1)$$

$$\frac{\partial v}{\partial t} + fu = -\frac{1}{\bar{\varrho}}\frac{\partial \bar{p}}{\partial y} - \frac{1}{\bar{\varrho}}\frac{\partial}{\partial z}(\overline{\varrho v'w'}), \quad (1.4.2)$$

$$-f^*u = -\frac{1}{\bar{\varrho}}\frac{\partial \bar{p}}{\partial z} - g - \frac{1}{\bar{\varrho}}\frac{\partial}{\partial z}(\overline{\varrho(w')^2}). \quad (1.4.3)$$

Hierbei bedeuten $u(z, t)$ und $v(z, t)$ die mittleren Geschwindigkeitskomponenten des horizontalen, zeitlich gemittelten Windvektors $\mathbf{v}_h$. u', v' und w' bezeichnen den fluktuierenden Anteil der Geschwindigkeitskomponenten.

Bei WIPPERMANN 1973 wurden die Terme f^*u und $\frac{1}{\bar{\varrho}}\frac{\partial}{\partial z}(\overline{\varrho(w')^2})$ als ein bis zwei Größenordnungen kleiner als die restlichen Terme in Gleichung (1.4.3) abgeschätzt und daher vernachlässigt, so daß an Stelle von (1.4.3) die hydrostatische Grundgleichung verbleibt.

Zur Schließung des Gleichungssystems übertragen wir den für den molekularen Impulstransport einer laminaren, zähen Flüssigkeitsströmung angewendeten Reibungsansatz auf turbulente Strömungsverhältnisse und definieren:

$$-\overline{\varrho u'w'} = \bar{\varrho}k\frac{\partial u}{\partial z} = \tau_x, \quad (1.5.1)$$

$$-\overline{\varrho v'w'} = \bar{\varrho}k\frac{\partial v}{\partial z} = \tau_y. \quad (1.5.2)$$

k bezeichnen wir als Turbulenzkoeffizienten (TK). Er wird in den weiteren Berechnungen als Funktion der unabhängigen Veränderlichen z und t sowie in Abhängigkeit von bekannten oder aus dem Gleichungssystem bestimmbaren internen Parametern angegeben, wobei ausschließlich sogenannte ad hoc-Ansätze für den TK, die aus der Literatur bekannt sind, Anwendung finden.

Im allgemeinen wird aus der Beziehung

$$\left|\frac{1}{\bar{\varrho}}\frac{\partial \bar{\varrho}}{\partial z}\right| \ll \left|\frac{1}{\tau}\frac{\partial \tau}{\partial z}\right| \quad (1.6)$$

mit $$|\tau| = \tau = (\tau_x^2 + \tau_y^2)^{1/2} \quad (1.7)$$

(WIPPERMANN 1973) die Berechtigung abgeleitet, die Änderung der Luftdichte $\bar{\varrho}$ mit der Höhe z zu vernachlässigen. Für spezielle Fälle soll die Auswirkung dieser Einschränkung im Abschnitt 3.4. untersucht werden.

Damit entsteht aus den Gleichungen (1.4.1) und (1.4.2) als mathematisches Problem ein partielles Differentialgleichungssystem parabolischen Typs, welches durch physikalisch begründete und mathematisch sinnvolle Rand- und Anfangsbedingungen (RB und AB) vervollständigt werden muß.

Als RB werden bei

$$z = 0: \quad u(0, t) = v(0, t) = 0 \quad (1.8.1)$$

und bei

$$z = \bar{H}: \quad u(\bar{H}, t) = u_G(\bar{H}, t) \quad (1.8.2)$$

$$v(\bar{H}, t) = v_G(\bar{H}, t) \quad (1.8.3)$$

gewählt.

Die in den Gleichungen (1.8.2) und (1.8.3) definierten RB bei $z = \bar{H}$ wenden wir nur bei der numerischen Integration des Gleichungssystems (1.4.1) und (1.4.2) an. Sie werden bei dem im Abschnitt 2.2. vorgestellten analytischen Lösungsverfahren gesondert angeführt. Die Höhe $\bar{H}$ ist bei der numerischen Bearbeitung der Gleichungen (1.4.1) und (1.4.2) so vorzugeben, daß sich die uns interessierenden Grenzschichtphänomene ungestört herausbilden. Die Festlegung geeigneter AB für die numerische Integration wird unter Berücksichtigung des Charakters der Aufgabenstellung im Abschnitt 2.3. diskutiert.

Eine barotrope PGS annehmend, wurde bei der numerischen Bearbeitung des täglichen Windganges (Abschnitt 3.) die x-Achse des Koordinatensystems in die Richtung des geostrophischen Windes gelegt. Die Lage des Koordinatensystems wird im Falle zeitlicher Änderungen des geostrophischen Windes (Abschnitt 4) am betreffenden Beispiel erläutert.

Den Winkel α zwischen $\mathbf{v}_h$ und der x-Achse des Koordinatensystems bezeichnen wir bei Drehung im mathematisch positiven Sinn mit dem Vorzeichen „+" und im mathmatisch negativen Sinn mit dem Vorzeichen „−". Hierbei ist zu beachten, daß die aus den Gleichungen (1.4) ermittelten Geschwindigkeitsprofile für die Schicht unmittelbar über dem Erdboden wegen des Einflusses der Rauhigkeitselemente und wegen der hier dominierenden molekularen Reibungsvorgänge keine Gültigkeit besitzen.

Wegen der formalen Trennung der Bewegungsgleichungen von den restlichen hydro-thermodynamischen Gleichungen aufgrund des verwendeten Schließungsansatzes gestatten die somit gewonnenen Beziehungen (1.4.1) und (1.4.2) unter den bereits erwähnten Voraussetzungen ein Studium der durch lokale Beschleunigungen bedingten Instationaritätseffekte nur dann, wenn eine zeitliche Variation des TK sowie des Druckfeldes modelliert wird. Neben der nicht unproblematischen Aufgabe einer realistischen Vorgabe dieser Größen besteht ein Anliegen der Arbeit darin, zu prüfen, ob die unter zum Teil einschneidenden Voraussetzungen ermittelten Eigenschaften der theoretischen Ergebnisse bei Beobachtungen in der realen Atmosphäre hervortreten.

2. Darstellung und Test des numerischen Verfahrens zur Lösung der instationären Grenzschichtgleichung

2.1. Zur numerischen Realisierung

Da man im allgemeinen für die in Betracht kommenden orts- und zeitabhängigen Funktionen zur Darstellung des TK sowie des Druckfeldes auf analytischem Wege keine Lösungen erhält, ergibt sich für uns die Notwendigkeit, ein numerisches Lösungsverfahren bereitzustellen.

Im folgenden Abschnitt werden wir die von uns verwendete numerische Bearbeitung des Gleichungssystems (2.1), welches für die im Abschnitt 1.2. besprochenen Annahmen hergeleitet wurde, kurz erläutern.

$$\frac{\partial u}{\partial t} - \frac{1}{\varrho}\frac{\partial}{\partial z}\left(\varrho k \frac{\partial u}{\partial z}\right) - fv = -fv_G, \qquad (2.1.1)$$

$$\frac{\partial v}{\partial t} - \frac{1}{\varrho}\frac{\partial}{\partial z}\left(\varrho k \frac{\partial v}{\partial z}\right) + fu = fu_G. \qquad (2.1.2)$$

Die Funktionen $\bar{\varrho} = \varrho = \varrho(z, t)$, $k = k(z, t)$,

$$v_G(z, t) = \frac{1}{\varrho f}\frac{\partial \bar{p}}{\partial x}(z, t), \qquad (2.2.1)$$

$$u_G(z, t) = -\frac{1}{\varrho f}\frac{\partial \bar{p}}{\partial y}(z, t) \qquad (2.2.2)$$

werden dabei als bekannt vorausgesetzt.

Die gesuchten Komponenten $u = u(z, t)$ und $v = v(z, t)$ des mittleren horizontalen Windvektors $\boldsymbol{v}_h$ (im weiteren als Windvektor bezeichnet) sollen den RB (2.3) genügen.

$$z = 0: \quad u(0, t) = v(0, t) = 0 \qquad (2.3.1)$$

und

$$z = \bar{H}: \quad u(\bar{H}, t) = u_G(\bar{H}, t), \qquad (2.3.2)$$

$$v(\bar{H}, t) = v_G(\bar{H}, t). \qquad (2.3.3)$$

Das Gleichungssystem (2.1) bezeichnen wir im weiteren als instationäre Grenzschichtgleichung. Aus (2.1) resultiert mit $\frac{\partial u}{\partial t} = \frac{\partial v}{\partial t} = 0$ unter denselben Voraussetzungen eine Grenzschichtgleichung für stationäre Verhältnisse (geotriptischer Wind).

Die numerische Behandlung des Problems basiert auf der Approximation der Zeit- bzw. Ortsableitungen der Geschwindigkeitskomponenten mit Hilfe üblicher Differenzenschemata. So erhält man z. B. für die auftretenden Ableitungen von u die Ausdrücke:

$$\frac{\partial u}{\partial z} \approx \frac{1}{2\Delta z}\{q[u(z + \Delta z, t) - u(z - \Delta z, t)] + (1 - q)[u(z + \Delta z, t - \Delta t) - u(z - \Delta z, t - \Delta t)]\}, \qquad (2.4)$$

$$\frac{\partial^2 u}{\partial z^2} \approx \frac{1}{\Delta z^2}\{q[u(z + \Delta z, t) - 2u(z, t) + u(z - \Delta z, t)] + (1 - q)[u(z + \Delta z, t - \Delta t) - 2u(z, t - \Delta t) + u(z - \Delta z, t - \Delta t)]\} \qquad (2.5)$$

$$\frac{\partial u}{\partial t} \approx \frac{1}{\Delta t}[u(z, t) - u(z, t - \Delta t)]. \qquad (2.6)$$

Hierbei bedeuten Δz und Δt die Orts- bzw. Zeitschrittweite. Die Variation des Parameters q zwischen eins und null ermöglicht den Übergang von einem rein impliziten ($q = 1$) über gemischte ($0 < q < 1$) bis zu einem vollständig expliziten ($q = 0$) Verfahren. Bis auf einige im Abschnitt 2.3. angeführte Vergleichsrechnungen, bei denen das Lösungsverhalten des numerischen Verfahrens für $q = 0{,}5$ studiert wurde, ist in den Berechnungen stets das implizite Schema mit $q = 1$ angewendet worden.

Die folgende Beziehung (2.7) stellt die zu (2.1.1) gehörende Differenzengleichung dar.

$$\begin{aligned}
&qu_{I-1,J}\left\{\left[\left(\frac{1}{\varrho}\frac{\partial \varrho}{\partial z}\right)_{I,J} k_{I,J} + \left(\frac{\partial k}{\partial z}\right)_{I,J}\right]\frac{1}{2\Delta z} - k_{I,J}\frac{1}{\Delta z^2}\right\} \\
&+ u_{I,J}\left(\frac{1}{\Delta t} + qk_{I,J}\frac{2}{\Delta z^2}\right) \\
&+ qu_{I+1,J}\left\{-\left[\left(\frac{1}{\varrho}\frac{\partial \varrho}{\partial z}\right)_{I,J} k_{I,J} + \left(\frac{\partial k}{\partial z}\right)_{I,J}\right]\frac{1}{2\Delta z} - k_{I,J}\frac{1}{\Delta z^2}\right\} \\
&- qfv_{I,J} \\
&= -qfv_{G_{I,J}} - (1 - q)\, fv_{G_{I,J-1}} - (1 - q)\, u_{I-1,J-1} \\
&\times \left\{\left[\left(\frac{1}{\varrho}\frac{\partial \varrho}{\partial z}\right)_{I,J-1} k_{I,J-1} + \left(\frac{\partial k}{\partial z}\right)_{I,J-1}\right]\frac{1}{2\Delta z} - k_{I,J-1}\frac{1}{\Delta z^2}\right\} \\
&+ u_{I,J-1}\left[\frac{1}{\Delta t} - (1 - q)\, k_{I,J-1}\frac{2}{\Delta z^2}\right] - (1 - q)\, u_{I+1,J-1} \\
&\times \left\{-\left[\left(\frac{1}{\varrho}\frac{\partial \varrho}{\partial z}\right)_{I,J-1} k_{I,J-1} + \left(\frac{\partial k}{\partial z}\right)_{I,J-1}\right]\frac{1}{2\Delta z} - k_{I,J-1}\frac{1}{\Delta z^2}\right\} \\
&+ (1 - q)\, fv_{I,J-1}. \qquad (2.7)
\end{aligned}$$

Die Indizes I und J bezeichnen den Wert der aufgeführten Größen im I-ten Ortsgitterpunkt nach dem J-ten Zeitschritt. Um die Charakteristik der Ortsschrittweiteneinteilung den zu erwartenden Eigenschaften der Lösungsfunktionen so anzupassen, daß die eintretenden Diskretisierungsfehler im interessierenden Höhenbereich möglichst klein werden, wurden die Transformationen der Ortskoordinate (2.8) und (2.9) untersucht, welche bei äquidistanter Teilung der dimensionslosen Ortskoordinate z^* eine zunehmende Verdichtung der Gitterpunkte auf der z-Koordinate zum Erdboden hin bewirken.

$$z = (b^{z^*-c} - b^{-c}) \cdot 1m, \qquad (2.8.1)$$

$$z = (z^*)^{np} \cdot 1m, \quad np > 1, \qquad (2.9.1)$$

wobei für z^* folgt:

$$z^* = \log_b\left(\frac{z}{1m} + b^{-c}\right) + c, \qquad (2.8.2)$$

$$z^* = \left(\frac{z}{1m}\right)^{1/np}. \qquad (2.9.2)$$

Aus der Forderung $F(z, t) = \bar{F}(z^*, t)$ an die ortsabhängigen Funktionen lassen sich die Ableitungen nach z über folgende Beziehungen umformen:

$$\frac{\partial F}{\partial z} = \frac{\partial \bar{F}}{\partial z^*}\frac{\partial z^*}{\partial z} \qquad (2.10)$$

bzw.

$$\frac{\partial^2 F}{\partial z^2} = \frac{\partial^2 \bar{F}}{\partial z^{*2}}\left(\frac{\partial z^*}{\partial z}\right)^2 + \frac{\partial \bar{F}}{\partial z^*}\frac{\partial^2 z^*}{\partial z^2}. \qquad (2.11)$$

Ersetzt man in den Gleichungen (2.1.1) und (2.1.2) die Differentiationen nach z durch die erhaltenen Ausdrücke (2.10) und (2.11), erscheinen die ortsabhängigen Größen als Funktion der dimensionslosen Koordinate z^*. Das Aufstellen der entsprechenden Differenzengleichungen kann nach der zuvor dargelegten Art und Weise erfolgen. Damit verbleibt bei der numerischen Bearbeitung die Aufgabe, für jeden Zeitschritt ein lineares Gleichungssystem zu lösen.

Die in den Beziehungen (2.3) fixierten RB 1. Art gehen in die rechte Seite dieses Gleichungssystems ein. Durch Ausnutzen der speziellen Struktur der Koeffizientenmatrix bei der Programmierung des Lösungsalgorithmus steigt die Anzahl der auszuführenden Multiplikationen bzw. Divisionen linear mit der Zahl der Ortsgitterpunkte an.

2.2. Darstellung einer zeitabhängigen, analytischen Lösung für die instationäre Grenzschichtgleichung

Um die Brauchbarkeit des im vorangegangenen Abschnitt 2.1. beschriebenen numerischen Verfahrens für unsere Anwendungszwecke sichern zu können, erweist sich der Vergleich zwischen einer numerisch und einer analytisch bestimmten Lösung als vorteilhaft. Die mathematischen Eigenschaften der Problemstellung sollten dabei so beschaffen sein, daß eine derartige Gegenüberstellung verallgemeinerungsfähige Ergebnisse liefert.

Im folgenden soll für einen TK der Form (2.12.5) nach einem bei LAJCHTMAN 1970 verwendeten Ansatz die Lösung des Problems (2.12) konstruiert werden. Obgleich man auch für andere sinnvolle Höhenabhängigkeiten des TK mit Hilfe dieses Verfahrens Lösungen erhält, wurde die spezielle Gestalt (2.12.5) für den TK gewählt, da sie bei der Modellierung realer zeitabhängiger Verhältnisse in der Atmosphäre eine gewisse Rolle spielte (s. MATVEEV 1963).

Die vollständige Aufgabenstellung lautet unter der Annahme eines zeit- und höhenunabhängigen $\mathbf{v}_G$ sowie konstanter Dichte ϱ:

$$\frac{\partial u}{\partial t} - \frac{\partial}{\partial z}\left(k\,\frac{\partial u}{\partial z}\right) - fv = -fv_G\,, \qquad (2.12.1)$$

$$\frac{\partial v}{\partial t} - \frac{\partial}{\partial z}\left(k\,\frac{\partial v}{\partial z}\right) + fu = fu_G\,. \qquad (2.12.2)$$

Das Koordinatensystem wird so gelegt, daß $v_G = 0$ gilt. RB:

$$z = 0: \quad u(0, t) = v(0, t) = 0\,, \qquad (2.12.3)$$

$$z \to \infty: \quad u(z, t) \to u_G \quad v(z, t) \to 0\,. \qquad (2.12.4)$$

Gesuchte Größen:

$$u(z, t)\,; \quad v(z, t)\,; \quad 0 \leqq z < \infty\,.$$

Gegebene Größen:

$$k(z,t) = \{1 + \varepsilon\cos[\omega(t - t_0)]\}\begin{cases}(k_1 z + k_0)\,; & 0 \leqq z \leqq h',\\ (k_1 h' + k_0)\,; & h' \leqq z < \infty\,,\end{cases} \qquad (2.12.5)$$

(ω-Betrag des Winkelgeschwindigkeitsvektors der Erdrotation).

Die Konstanten f, u_G, ε, t_0, k_0, k_1 und h' sind geeignet vorzugeben.

Da die zu konstruierenden Lösungen eine 24stündige Periode aufweisen sollen, können folgende Bedingungen (2.13) an u und v gestellt werden, womit auf eine Beschreibung des Einschwingverhaltens des Windvektors bei willkürlich gewählten AB verzichtet wird:

$$u(z, t) = u(z, t + 2\pi/\omega)\,, \qquad (2.13.1)$$

$$v(z, t) = v(z, t + 2\pi/\omega)\,. \qquad (2.13.2)$$

Mit Hilfe der Substitution

$$V(z, t) = u + iv \qquad (2.14)$$

erhält man aus den Gleichungen (2.12) für die komplexwertige Funktion V der reellen Veränderlichen z und t die Gleichung:

$$\frac{\partial V}{\partial t} - \frac{\partial}{\partial z}\left(k\,\frac{\partial V}{\partial z}\right) + ifV = ifu_G\,. \qquad (2.15)$$

Der Ansatz

$$V = e^{-ift}\,\Phi(z, t) + u_G \qquad (2.16)$$

liefert für die komplexe Funktion $\Phi(z, t)$ die homogene Gleichung:

$$\frac{\partial \Phi}{\partial t} - \frac{\partial}{\partial z}\left(k\,\frac{\partial \Phi}{\partial z}\right) = 0\,. \qquad (2.17)$$

Die RB für Φ lauten:

$$z = 0: \quad \Phi(0, t) = -u_G\,e^{ift}\,, \qquad (2.18.1)$$

$$z \to \infty: \quad \Phi(z, t) \to 0\,. \qquad (2.18.2)$$

Aus den Periodizitätsbedingungen (2.13) an u und v folgt für Φ:

$$\Phi(z, t + 2\pi/\omega) = e^{if2\pi/\omega}\,\Phi(z, t)\,. \qquad (2.19)$$

Eine Transformation der unabhängigen Variablen t in der Form

$$\omega\tau' = \omega t + \varepsilon\sin[\omega(t - t_0)] \qquad (2.20)$$

mit

$$\Phi(z, \tau') = \Phi(z, t) \qquad (2.21)$$

liefert

$$\frac{\partial \bar{\Phi}}{\partial \tau'} - \frac{\partial}{\partial z}\left(\bar{k}\,\frac{\partial \bar{\Phi}}{\partial z}\right) = 0\,, \qquad (2.22)$$

wobei gilt

$$\bar{k}(z) = \begin{cases}k_1 z + k_0\,; & 0 \leqq z \leqq h',\\ k_1 h' + k_0\,; & h' \leqq z < \infty\,.\end{cases} \qquad (2.23)$$

Für $\bar{\Phi}$ ergeben sich zu (2.18) und (2.19) analoge Rand- und Periodizitätsbedingungen.

Verwenden wir den Ansatz

$$\bar{\Phi}(z, \tau') = e^{if\tau'} \sum_{n=-\infty}^{\infty} \varphi_n(z)\,e^{in\omega(\tau' - t_0)} \qquad (2.24)$$

in (2.23), erhalten wir nach Umformen eine Gleichung, die wir mit Hilfe der Bedingung (2.25) an jedes φ_n erfüllen wollen.

$$\frac{d}{dz}\left(\bar{k}\,\frac{d\varphi_n}{dz}\right) - i(f + n\omega)\,\varphi_n = 0\,. \qquad (2.25)$$

In der Schicht $0 \leqq z \leqq h'$ findet man als Fundamentalsystem für eine Differentialgleichung der Art (2.25) mit $\bar{k} = k_1 z + k_0$ bei KAMKE 1967:

$$\varphi_{1n}(x) = C_1 J_0(x) + C_2 N_0(x)\,; \quad C_1, C_2 \in C\,, \qquad (2.26)$$

$$x(z) = \frac{2}{k_1}\,[-i(f + n\omega)\,(k_1 z + k_0)]^{1/2}\,. \qquad (2.27)$$

(J_0 und N_0 bezeichnen die BESSEL- und NEUMANN-Funktion 0-ter Ordnung).

Innerhalb der Schicht $h' \leqq z < \infty$ erhält man auf der nördlichen Halbkugel für eine geographische Breite von größer als 30° und bei Berücksichtigung der RB für $z \to \infty$ mit $\bar{k} = k_1 h' + k_0$:

$$\varphi_{2n}(z) = C_3\,e^{\lambda_n z}\,; \qquad C_3 \in C\,, \qquad (2.28)$$

$$n \geqq -1: \quad \lambda_n = -(1 + i)\,[(f + n\omega)/(k_1 h' + k_0)/2]^{1/2}\,, \qquad (2.29.1)$$

$$n < -1: \quad \lambda_n = (-1 + i)\,[(-f - n\omega)/(k_1 h' + k_0)/2]^{1/2}\,. \qquad (2.29.2)$$

Die RB (2.18.1) liefert für die $\varphi_{1n}(0)$ die Forderung (2.31):

$$\Phi(0, \tau') = -u_G e^{if t(\tau')} = e^{if\tau'} \sum_{n=-\infty}^{\infty} \varphi_{1n}(0)\,e^{in\omega(\tau' - t_0)}\,, \qquad (2.30)$$

$$\varphi_{1n}(0) = \omega/2\pi \int_0^{2\pi/\omega} -u_G\,e^{if(t-\tau')}\,e^{-in\omega(\tau'-t_0)}\,d\tau'$$
$$= (-1)^{n+1}\,u_G f/\omega/(f/\omega + n)\,J_n[\varepsilon(f/\omega + n)] = b_n\,. \qquad (2.31)$$

(J_n stellt die BESSEL-Funktion n-ter Ordnung dar.)

Die Koeffizienten C_1, C_2 und C_3 werden aus dem folgenden Gleichungssystem ermittelt, welches aus

a) der RB bei $z = 0$

$$C_1 J_0[x(0)] + C_2 N_0[x(0)] = b_n\,, \qquad (2.32.1)$$

b) der Stetigkeitsforderung an φ_n bei $z = h'$

$$C_1 J_0[x(h')] + C_2 N_0[x(h')] = C_3\,e^{\lambda_n h'}\,, \qquad (2.32.2)$$

c) der Stetigkeitsforderung an die Ableitung von φ_n bei $z = h'$

$$\frac{d}{dz}\,\{C_1 J_0[x(z)] + C_2 N_0[x(z)]\}_{z=h'} = \frac{d}{dz}\,(C_3\,e^{\lambda_n z})_{z=h'} \qquad (2.32.3)$$

folgt.

Damit lautet die formale Lösung des Problems (2.12):

$$0 \leqq z \leqq h'$$

$$V[x(z), t] = u_G + \sum_{n=-\infty}^{\infty} [C_1 J_0(x) + C_2 N_0(x)]\,M_n(t)\,, \qquad (2.33.1)$$

$$M_n(t) = e^{i\{\varepsilon(f/\omega + n)\sin[\omega(t - t_0)] + n\omega(t - t_0)\}} \qquad (x(z)\text{ s.(2.27)});$$

$$h' \leqq z < \infty \qquad (2.34)$$

$$V(z, t) = u_G + \sum_{n=-\infty}^{\infty} C_3\,e^{\lambda_n z} M_n(t) \qquad (\lambda_n\text{ s.(2.29)}). \qquad (2.33.2)$$

Nebenbei soll erwähnt werden, daß sich unter Beachtung der RB (2.12.3) und (2.12.4) an u und v auch die Lösung für einen höhenunabhängigen TK mit derselben Zeitabhängigkeit wie (2.12.5) aus den soeben dargestellten Berechnungen angeben läßt. Des weiteren können aus den Ergebnissen dieses Abschnitts die Resultate im stationären Fall gewonnen werden. Die aufgestellten Lösungen wurden numerisch über die Reihendarstellungen der BESSEL- und NEUMANN-Funktionen ausgewertet. (Eine ausführliche Darstellung der Eigenschaften von Zylinderfunktionen findet man u. a. bei WATSON 1966.) Eine Abschätzung der durch Reihenabbruch hervorgerufenen absoluten Fehler ergab für die gesuchten Funktionen u und v Abweichungen von kleiner 10^{-5} m/s.

2.3. Prüfung des numerischen Verfahrens mit Hilfe analytischer Lösungen

In diesem Abschnitt werden einige Erfahrungen, die beim Test des numerischen Verfahrens zur Lösung des Gleichungssystems (2.1) gesammelt wurden, dargelegt. Den Testrechnungen wurde neben dem k-Ansatz (2.12.5) ein bei ALBERT 1981 näher untersuchter und für eine stationäre PGS konzipierter k-Ansatz (2.35) zugrunde gelegt, da auch für den letzteren (obgleich zeitunabhängige) analytische Ergebnisse zur Verfügung standen.

$$k(z) = \bar{R}^{(\bar{V}-2)}(z/Z_M)^{\bar{V}}\,f Z_M^2: \qquad 0 \leqq z \leqq Z_M\,, \quad (2.35.1)$$

$$k(z) = \bar{R}^{(\bar{V}-2)}\,e^{-\bar{A}(z/Z_M - 1)}\,f Z_M^2: \qquad Z_M \leqq z < \infty\,. \quad (2.35.2)$$

Das von ALBERT 1981 vorgestellte Modell liefert bei Angabe lokaler (Coriolisparameter f, eine dem logarithmischen Windprofil entsprechende Rauhigkeitshöhe z_0) sowie der externen Parameter (Betrag des geostrophischen Windes am Erdboden $|\boldsymbol{v}_{G0}|$, thermischer Wind, statische Stabilität in 10 m Höhe $1/\vartheta \left.\frac{\partial\vartheta}{\partial z}\right|_{z=10\,m}$) die zur Berechnung von TK erforderlichen Parameter $\bar{R}$, $\bar{V}$ und Z_M.

Um eine günstige Ortsdiskretisierung vornehmen zu können, die auch bei der Lösung zeitabhängiger Probleme nutzbare Ergebnisse erwarten läßt, wurde zunächst bei willkürlich gestellter AB sowie zeitunabhängigem TK auf numerischem Wege eine stationäre Lösung berechnet. Da bei dieser Aufgabenstellung der Einschwingvorgang möglichst unterdrückt werden soll, wendeten wir das in Abschnitt 2.1. vorgestellte implizite Verfahren ($q = 1$) an. Beim Vergleich der beiden untersuchten Ortstransformationen (2.8) und (2.9) erwies sich die potenzförmige Unterteilung der z-Koordinate (2.9) als günstiger, da im Vergleich mit den analytischen Lösungen eine hinreichende Genauigkeit der numerischen Ergebnisse mit Hilfe der Transformation (2.8) nur durch eine verhältnismäßig große Anzahl von Gitterpunkten unterhalb von 1 m erreicht werden kann.

Das höchste Rechenniveau (z_N) wurde bei der numerischen Berechnung so weit hinausgeschoben, daß eine den Anforderungen entsprechende Übereinstimmung zwischen dem mittleren „wahren" und dem geostrophischen Wind in einer Umgebung des oberen Randes $\overline{H}$ erreicht wurde.

In den Tabellen 1 und 2 sind im Vergleich einige Ergebnisse zur Berechnung der stationären Lösung aus numerischem und analytischem Verfahren für den k-Ansatz

$$k(z) = \{1 + \varepsilon \cos [\omega (t_s - t_0)]\} \begin{cases} k_1 z + k_0 : 0 \leqq z \leqq h' , \\ k_1 h' + k_0 : h' \leqq z < \infty \end{cases} \quad (2.36)$$

gegenübergestellt.

In den Vergleichsrechnungen wurden folgende Konstanten (nach MATVEEV 1963) verwendet:

$$\varepsilon = 0{,}8;\ t_0 = 12\ \text{h};\ k_1 = 0{,}08\ \text{m/s};$$
$$k_0 = 4{,}4 \cdot 10^{-4}\ \text{m}^2/\text{s};\ h' = 50\ \text{m};\ \varphi = 55°\ \text{n.B.};$$
$$t_s\ \text{s. Tabelle 1 und 2};\ |\boldsymbol{v}_G| = 10{,}8\ \text{m/s}.$$

Das oberste Rechenniveau z_N lag bei ungefähr 2000 m.

Um die Abweichungen zwischen den auf völlig verschiedene Weise erzielten Resultaten anschaulich zu charakterisieren, ist zum einen der Betrag des Differenzvektors von analytisch und numerisch ermitteltem Windvektor ($\boldsymbol{v}_A$ und $\boldsymbol{v}_N$)

$$d_1 = |\boldsymbol{v}_A - \boldsymbol{v}_N| \quad (2.37)$$

und zum anderen das Verhältnis von d_1 zum Betrag des auf analytischem Wege erhaltenen Windvektors $\boldsymbol{v}_A$ in Prozent

$$r_1 = \frac{d_1}{|\boldsymbol{v}_A|} \cdot 100\% \quad (2.38)$$

aufgeführt.

Die in Tabelle 1 dargestellte Abhängigkeit soll den Einfluß des Exponenten np in der Transformation (2.9) auf die Güte der numerisch berechneten Lösung verdeutlichen, wobei ein Anwachsen von np bei gleichbleibender z-Intervallänge und Gitterpunktanzahl eine Verdichtung der Gitterpunkte auf der z-Koordinate zum Erdboden hin bei gleichzeitigem Auseinanderziehen im oberen Teil hervorruft. Ein geeigneter Wert für np wurde in den Fällen, wo keine analytischen Lösungen der bearbeiteten Aufgabenstellung vorlagen, so bestimmt, daß die numerischen Resultate bei einer Verringerung der Ortsschrittweite im interessierenden Höhenbereich nur unwesentliche Änderungen erfahren. Unter Beachtung dieser Vorschrift sollte selbstverständlich eine möglichst geringe Anzahl von Gitterpunkten, die allerdings noch die gewünschten Informationen über die Eigenschaften der Lösung ermöglicht, angestrebt werden.

Beim Betrachten der Tabelle 2 sollte insbesondere dem Zusammenhang Aufmerksamkeit geschenkt werden, daß die verglichenen Ergebnisse der zeitunabhängigen Lösung in allen untersuchten Rechenniveaus bei der angegebenen Schrittweitenverringerung auf der Ortskoordinate eine Annäherung der numerischen an die analytische Lösung ausweisen.

Eine Prüfung der numerischen Lösungsmethode bei zeitabhängigen Problemen wurde anhand der im Abschnitt 2.2. beschriebenen analytischen Lösung für die dort gestellte Aufgabe (2.12) vorgenommen, wobei die vorzugebenden Konstanten denjenigen im stationären

Tabelle 1. Variation von np
$np_1 = 2;\ \Delta z_1^* = 0{,}2;\ N_1 = 224;$
$np_2 = 3;\ \Delta z_2^* = 0{,}05;\ N_2 = 250;$
$np_3 = 4;\ \Delta z_3^* = 0{,}025;\ N_3 = 268;$
(np, Δz^* und N s. (2.9)); ausgelassene Werte $< 10^{-4}$

np	z_1 m	z_2 m	z_3 m	z_4 m	z_5 m
2	1	25	121	729	1296
3	1	27	125	729	1331
4	1	27	122	731	1340
	d_1[1] m/s	d_1 m/s	d_1 m/s	d_1 m/s	d_1 m/s
			$t_s = 0$ h		
2	0,32	0,12	0,049	0,00026	
3	0,0035	0,0057	0,0032	.	
4	0,0023	0,0038	0,0022		
			$t_s = 6$ h		
2	0,34	0,20	0,14	0,013	0,0016
3	0,0089	0,014	0,012	0,0011	0,00014
4	0,0058	0,0096	0,0078	0,00080	0,00017
			$t_s = 12$ h		
2	0,34	0,23	0,17	0,030	0,0058
3	0,011	0,018	0,015	0,0024	0,0027
4	0,0071	0,012	0,010	0,0019	0,0015
	r_1[2] %	r_1 %	r_1 %	r_1 %	r_1 %
			$t_s = 0$ h		
2	5,1	1,2	0,44	0,024	
3	0,056	0,057	0,029	.	
4	0,037	0,038	0,020	0,00022	
			$t_s = 6$ h		
2	6,6	2,5	1,4	0,12	0,015
3	0,17	0,17	0,12	0,0099	0,0013
4	0,11	0,12	0,079	0,0073	0,0016
			$t_s = 12$ h		
2	7,3	3,1	1,9	0,27	0,053
3	0,23	0,23	0,17	0,022	0,025
4	0,15	0,16	0,11	0,017	0,014

[1]) s. (2.37); [2]) s. (2.38).

Fall entsprechen. Hierbei stellte sich die Notwendigkeit heraus, eine möglichst gute AB bei vertretbarem Aufwand zu finden, um die dem rein periodischen Verhalten der analytischen Lösung überlagerten Einschwingvorgänge bei der numerischen Integration auf einen unbedeutenden Wert herabzusetzen. Zu diesem Zweck wurde zunächst das implizite Verfahren ($q = 1$) mit einer relativ großen Zeitschrittweite zur Berechnung einer Lösung der stationären oder instationären Grenzschichtgleichung für den Anfangszeitpunkt angewendet. Die so ermittelte Lösung dient als AB für das zeitabhängige Problem. Die Anzahl der Zeitschritte wurde bei der Untersuchung des periodischen Lösungsverhaltens soweit ausgedehnt, daß der Wert der Größe

$$s_1 = \frac{|\boldsymbol{v}_N(t) - \boldsymbol{v}_N(t - 24\ \text{h})|}{|\boldsymbol{v}_N(t)|} \cdot 100\% \quad (2.39)$$

Tabelle 2. Variation der Ortsdiskretisierung
$np = 3$
$\Delta z_1^* = 0{,}2;\ N_1 = 63;\ \Delta z_2^* = 0{,}1;\ N_2 = 125$
$\Delta z_3^* = 0{,}05;\ N_3 = 250;$
(np, Δz^*, N s. (2.9)); ausgelassene Werte $< 10^{-4}$;

Δz^*	1 m d_1[1]) m/s	27 m d_1 m/s	125 m d_1 m/s	729 m d_1 m/s	1331 m d_1 m/s
			$t_s = 0$ h		
0,2	0,26	0,095	0,040	0,00035	
0,1	0,020	0,018	0,010	.	
0,05	0,0035	0,0057	0,0032	.	
			$t_s = 6$ h		
0,2	0,28	0,17	0,12	0,012	0,0014
0,1	0,024	0,046	0,038	0,035	0,00024
0,05	0,0089	0,014	0,012	0,0011	0,00014
			$t_s = 12$ h		
0,2	0,28	0,20	0,15	0,027	0,0052
0,1	0,029	0,056	0,050	0,0084	0,0031
0,05	0,011	0,018	0,015	0,0024	0,0027
	r_1[2]) %	r_1 %	r_1 %	r_1 %	r_1 %
			$t_s = 0$ h		
0,2	4,1	0,96	0,36	0,0032	
0,1	0,32	0,18	0,93	0,00017	
0,05	0,055	0,057	0,029	.	
			$t_s = 6$ h		
0,2	5,3	2,1	1,2	0,11	0,013
0,1	0,47	0,55	0,38	0,032	0,0021
0,05	0,17	0,17	0,12	0,0099	0,0013
			$t_s = 12$ h		
0,2	5,9	2,6	1,6	0,24	0,048
0,1	0,61	0,74	0,55	0,074	0,029
0,05	0,23	0,23	0,17	0,022	0,025

[1]) s. (2.37); [2]) s. (2.38).

Tabelle 3. Variation der Ortsdiskretisierung: $q = 1$ (implizit)
$\Delta t = 0{,}25$ h; $np = 3$;
$\Delta z_1^* = 0{,}2;\ N_1 = 63;\ \Delta z_2^* = 0{,}1;\ N_2 = 125;$
$\Delta z_3^* = 0{,}05;\ N_3 = 250;$
(np, Δz^*, N s. (2.9))

Δz^*	1 m d_1[1]) m/s	27 m d_1 m/s	125 m d_1 m/s	729 m d_1 m/s	1331 m d_1 m/s
			$t = 0$ h		
0,2	0,24	0,14	0,13	0,046	0,025
0,1	0,0086	0,038	0,033	0,031	0,015
0,05	0,032	0,050	0,048	0,033	0,015
			$t = 6$ h		
0,2	0,33	0,25	0,20	0,046	0,034
0,1	0,077	0,11	0,12	0,038	0,027
0,05	0,072	0,12	0,13	0,040	0,028
			$t = 12$ h		
0,2	0,25	0,18	0,15	0,064	0,015
0,1	0,043	0,087	0,85	0,029	0,019
0,05	0,039	0,063	0,070	0,34	0,019
	r_1[2]) %	r_1 %	r_1 %	r_1 %	r_1 %
			$t = 0$ h		
0,2	3,6	1,3	1,1	0,43	0,23
0,1	0,13	0,36	0,28	0,30	0,14
0,05	0,48	0,47	0,40	0,31	0,15
			$t = 6$ h		
0,2	6,9	3,2	2,1	0,43	0,31
0,1	1,6	1,4	1,4	0,36	0,25
0,05	1,5	1,5	1,4	0,37	0,26
			$t = 12$ h		
0,2	5,4	2,4	1,7	0,57	0,14
0,1	0,91	1,2	0,94	0,26	0,17
0,05	0,82	0,83	0,77	0,30	0,17

[1]) s. (2.37); [2]) s. (2.38).

der das Abklingen des Einschwingvorganges beschreiben soll, gegenüber den in den Tabellen 3 bis 6 aufgeführten Werten von r_1 vernachlässigbar ist.

Die in den Tabellen angegebenen Vergleichswerte wurden so aus dem raum-zeitlichen Punktgitter des Differenzenschemas ausgewählt, daß ein repräsentativer Eindruck vom numerischen Lösungsverhalten bei Schrittweitenvariation vermittelt wird. Eine Variation der Gitterpunktabstände, wie sie im stationären Fall (s. Tabelle 2) vorgenommen wurde, bewirkt dagegen bei zeitabhängigen Aufgabenstellungen im allgemeinen keine Verbesserung — aber auch keine wesentliche Verschlechterung — der numerischen Lösung (s. Tabelle 3).

Verringern wir bei festgehaltener Ortsschrittweite die äquidistanten Zeitschrittweiten, läßt sich ebenfalls keine allgemeingültige Tendenz ableiten (s. Tabelle 4 und 5). Zu den dargestellten Ergebnissen ist zu bemerken, daß zeitlich und räumlich eng begrenzte Unregelmäßigkeiten im Verhalten von d_1 und r_1 (s. (2.37) und (2.38)) infolge der Schrittweitenvariation mit der Reaktion des Differenzenverfahrens auf Änderungen der Zeitableitungen von u und v im Zusammenhang stehen. Eine allgemeine Verbesserung der numerischen Resultate durch Verkleinerung der Schrittweiten ist jedoch nur, wie durch theoretische Untersuchungen über Differenzenverfahren gefordert und durch die vorgelegten Beispiele belegt wird, bei Wahrung eines den speziellen Anforderungen der numerischen Aufgabenstellung angepaßten Verhältnisses von Orts- und Zeitschrittweiten zu erwarten. Ferner deuten die in Tabelle 4 aufgeführten Werte an, daß eine relativ schlechte Annäherung der numerischen an die „tatsächliche" Lösung in einem bestimmten Bereich des Ortsintervalls (im Beispiel, welches in Tabelle 4 dargestellt wird, aufgrund der unzureichenden Anzahl von Gitterpunkten über dem Erdboden) das Verhalten der numerischen Lösung bei Verringerung der Zeitschrittweite negativ beeinflußt.

In Tabelle 6 werden anhand eines Beispiels die Ergebnisse des impliziten und halbimpliziten Verfahrens gegenübergestellt. Um beim halbimpliziten Schema das für eine Genauigkeitsanalyse notwendige Verhältnis von s_1 und r_1 (s. Gleichungen (2.39) und (2.38)) zu erreichen, war im Vergleich zur impliziten Methode die Integrationszeit außerordentlich groß (annähernd das Zwei-

Tabelle 4. Variation der Zeitschrittweite: q = 1 (implizit)
$np = 3$; $\Delta z^* = 0{,}2$; $N = 63$
$\Delta t_1 = 1$ h; $\Delta t_2 = 0{,}5$ h; $\Delta t_3 = 0{,}25$ h; $\Delta t_4 = 0{,}125$ h;
(np, Δz^*, N s. (2.9))

Δt h	1 m d_1[1]) m/s	27 m d_1 m/s	125 m d_1 m/s	729 m d_1 m/s	1331 m d_1 m/s
			$t = 0$ h		
1	0,17	0,19	0,23	0,14	0,72
0,5	0,22	0,16	0,17	0,078	0,043
0,25	0,24	0,14	0,13	0,046	0,025
0,125	0,25	0,13	0,11	0,032	0,015
			$t = 6$ h		
1	0,28	0,17	0,12	0,012	0,0014
0,5	0,39	0,34	0,30	0,083	0,058
0,25	0,33	0,25	0,20	0,046	0,034
0,125	0,30	0,20	0,14	0,028	0,020
			$t = 12$ h		
1	0,23	0,21	0,24	0,14	0,040
0,5	0,24	0,18	0,18	0,093	0,026
0,25	0,26	0,17	0,11	0,056	0,0031
0,125	0,26	0,19	0,15	0,048	0,0082
	r_1[2]) %	r_1 %	r_1 %	r_1 %	r_1 %
			$t = 0$ h		
1	2,6	1,8	1,9	1,3	0,67
0,5	3,2	1,5	1,4	0,73	0,40
0,25	3,6	1,3	1,1	0,43	0,23
0,125	3,7	1,2	0,96	0,30	0,14
			$t = 6$ h		
1	5,3	2,1	1,2	0,11	0,013
0,5	8,1	4,4	3,2	0,78	0,53
0,25	6,9	3,2	2,1	0,43	0,31
0,125	6,2	2,6	1,5	0,26	0,18
			$t = 12$ h		
1	4,9	2,8	2,6	1,3	0,37
0,5	5,1	2,4	2,0	0,82	0,24
0,25	5,5	2,1	1,2	0,49	0,029
0,125	5,7	2,5	1,6	0,43	0,076

[1]) s. (2.37); [2]) s. (2.38).

Tabelle 5. Variation der Zeitschrittweite: q = 1 (implizit)
$np = 3$; $\Delta z^* = 0{,}1$; $N = 125$
$\Delta t_1 = 1$ h; $\Delta t_2 = 0{,}5$ h; $\Delta t_3 = 0{,}25$ h; $\Delta t_4 = 0{,}125$ h;
$\Delta t_5 = 0{,}0625$ h; (np, Δz^*, N s. (2.9));

Δt h	1 m d_1[1]) m/s	27 m d_1 m/s	125 m d_1 m/s	729 m d_1 m/s	1331 m d_1 m/s
			$t = 0$ h		
1	0,089	0,16	0,17	0,13	0,066
0,5	0,038	0,084	0,081	0,064	0,035
0,25	0,0086	0,038	0,033	0,031	0,015
0,125	0,014	0,022	0,013	0,015	0,0035
0,0625	0,023	0,026	0,018	0,0081	0,0033
			$t = 6$ h		
1	0,23	0,35	0,40	0,15	0,089
0,5	0,14	0,20	0,23	0,076	0,053
0,25	0,077	0,11	0,12	0,038	0,027
0,125	0,042	0,056	0,063	0,018	0,011
0,0625	0,025	0,035	0,033	0,0089	0,0020
			$t = 12$ h		
1	0,099	0,19	0,20	0,11	0,041
0,5	0,065	0,12	0,13	0,061	0,028
0,25	0,043	0,087	0,085	0,029	0,019
0,125	0,033	0,069	0,063	0,011	0,012
0,0625	0,029	0,061	0,054	0,0038	0,0078
	r_1[2]) %	r_1 %	r_1 %	r_1 %	r_1 %
			$t = 0$ h		
1	1,3	1,6	1,4	1,2	0,62
0,5	0,57	0,80	0,69	0,61	0,32
0,25	0,13	0,36	0,28	0,30	0,14
0,125	0,21	0,21	0,11	0,15	0,033
0,0625	0,34	0,24	0,15	0,077	0,031
			$t = 6$ h		
1	4,8	4,5	4,3	1,4	0,82
0,5	2,9	2,6	2,5	0,72	0,49
0,25	1,6	1,4	1,4	0,36	0,25
0,125	0,88	0,72	0,69	0,17	0,10
0,0625	0,52	0,45	0,37	0,084	0,018
			$t = 12$ h		
1	2,1	2,4	2,2	1,0	0,37
0,5	1,4	1,6	1,4	0,54	0,26
0,25	0,91	1,2	0,94	0,26	0,17
0,125	0,70	0,91	0,69	0,099	0,11
0,0625	0,63	0,81	0,60	0,034	0,072

[1]) s. (2.37); [2]) s. (2.38).

Tabelle 6. Gegenüberstellung von impliziten ($q = 1$) und halbimpliziten ($q = 0{,}5$) Verfahren
$\Delta t = 0{,}25$ h; $np = 3$; $\Delta z^* = 0{,}05$; $N = 250$;
(np, Δz^*, N s. (2.9))

q	1 m d_1[1]) m/s	27 m d_1 m/s	125 m d_1 m/s	729 m d_1 m/s	1331 m d_1 m/s
			$t = 0$ h		
1	0,032	0,050	0,048	0,033	0,015
0,5	0,0069	0,011	0,0093	0,0014	0,0081
			$t = 6$ h		
1	0,072	0,12	0,13	0,040	0,028
0,5	0,0057	0,0094	0,0057	0,00041	0,0070
			$t = 12$ h		
1	0,039	0,063	0,070	0,034	0,019
0,5	0,012	0,019	0,017	0,0017	0,0048
	r_1[2]) %	r_1 %	r_1 %	r_1 %	r_1 %
			$t = 0$ h		
1	0,48	0,47	0,40	0,31	0,15
0,5	0,10	0,10	0,079	0,013	0,076
			$t = 6$ h		
1	1,5	1,5	1,4	0,37	0,26
0,5	0,12	0,12	0,063	0,0039	0,064
			$t = 12$ h		
1	0,82	0,83	0,77	0,30	0,17
0,5	0,25	0,25	0,19	0,015	0,044

[1]) s. (2.37); [2]) (2.38).

fache). Sofern es aber möglich ist, die AB so zu wählen, daß zum Anfangszeitpunkt keine unerwünschten Zusatzbeschleunigungen die Brauchbarkeit einschränken, sollte der Vorzug des halbimpliziten Verfahrens aufgrund der kleineren zeitlichen Diskretisierungsfehler genutzt werden.

Zusammenfassend stellen wir fest, daß aus den durchgeführten Testrechnungen die Berechtigung abgeleitet werden kann, das programmierte Verfahren auf die zu bearbeitenden Aufgabenstellungen anwenden und eine den Anforderungen entsprechende Genauigkeit erwarten zu können.

3. Beschreibung instationärer Vorgänge aufgrund tagesperiodischer Änderungen der Stabilität in einer barotropen PGS

3.1. Zu einigen Problemen bei der theoretischen Beschreibung des Tagesganges des Windvektors mit Hilfe von ad hoc-Ansätzen für den TK

Bereits vor einem Jahrhundert registrierte man Versuche, die sich um die Klärung der Ursachen tagesperiodischer Änderungen der Windgeschwindigkeit bemühen (s. Köppen 1883). Die Auswertung umfangreicher Messungen durch Hellmann 1915, 1917 erweiterte die Kenntnisse über den mittleren Tagesgang des Betrages der Windgeschwindigkeit bedeutend.

Als erster geht Iswekow 1929 bei der Anwendung der instationären Grenzschichtgleichung davon aus, daß für eine theoretische Modellierung der täglichen Schwankung der Reibungsverhältnisse in der Atmosphäre aufgrund der strahlungsbedingten Tagesperiode turbulenter Austauschvorgänge die zeitliche Variation des TK die entscheidende Größe darstellt. Dabei gibt er die zeitliche Änderung des höhenkonstanten TK in Form einer harmonischen Schwingung vor und erhält für die instationäre Grenzschichtgleichung eine analytische Lösung, die allerdings an der Erdoberfläche die RB (2.3) nicht erfüllt. Iswekow gelingt es nur mit Hilfe unbefriedigender Annahmen, seine rechnerischen Ergebnisse der Realität anzupassen. Obgleich wir im Abschnitt 2.2. gesehen haben, daß sich auch für die von Iswekow 1929 gestellte Aufgabe bei Berücksichtigung der RB (2.3.) auf analytischem Wege Lösungen konstruieren lassen, geben die mit Hilfe eines höhenunabhängigen TK gewonnenen Windprofile im allgemeinen nicht die Verhältnisse in der Atmosphäre wieder und lassen auch schon deswegen keine der Realität nahekommenden Beschleunigungseffekte bei zeitlicher Variation des TK erwarten.

Einen „zuerst sehr rasch“, dann langsamer anwachsenden TK, der nach einem Maximum in 100 bis 1000 m über dem Boden wieder abfällt, voraussetzend, begründet Wagner 1936 mit einem k-Ansatz der Form

$$k(z) = \bar{k}(z) + a(z) \sin (\omega t + \gamma - \delta z) \qquad (3.1)$$

($\bar{k}(z)$ — Tagesmittel des TK, $a(z)$ — Amplitude der sinusförmigen Tagesschwankung, ω — Betrag des Winkelgeschwindigkeitsvektors der Erdrotation, γ — Phasenwinkel in Bodennähe, $\delta > 0$ — Phasenverzögerung mit der Höhe) die bekannte Tagesschwankung des Betrages der Windgeschwindigkeit über dem Erdboden unter der Annahme $\delta = 0$ mit folgenden Worten: „Die Windgeschwindigkeit nimmt daher in Bodennähe am Vormittag wegen der Zunahme des Gefälles $\frac{\partial A}{\partial z}$ (A — Austauschkoeffizient, $A = \varrho k$) und trotz zunehmenden Austausches zu.“ Da der von uns in den Abschnitten 2.2. und 2.3. näher untersuchte k-Ansatz (2.12.5) zumindest in Bodennähe den Voraussetzungen von Wagner entspricht, wollen wir die Ergebnisse für diesen TK der Behauptung von Wagner gegenüberstellen. Für $z = 125$ m erhalten wir einen mit den Beobachtungen qualitativ übereinstimmenden Verlauf (s. Abb. 1), d. h., der Betrag der Windgeschwindigkeit weist in den Vormittagsstunden ein Minimum sowie in den Nachtstunden ein Maximum auf. Entgegen der Aussage von Wagner liefern die Berechnungen am Boden (s. Abb. 1; $z = 1$ m) eine ähnliche Lage der Extreme wie bei $z = 125$ m. Die von Wagner erwartete Abhängigkeit bleibt auch dann aus, wenn der k-Ansatz (2.35) von Albert 1981 zeitlich durch eine harmonische Schwingung variiert wird. Ohne auf die Voraussetzungen sowie Wagners Erklärungen näher eingehen zu wollen, sei dazu bemerkt, daß die von Wagner vorgenommene Abschätzung der Terme

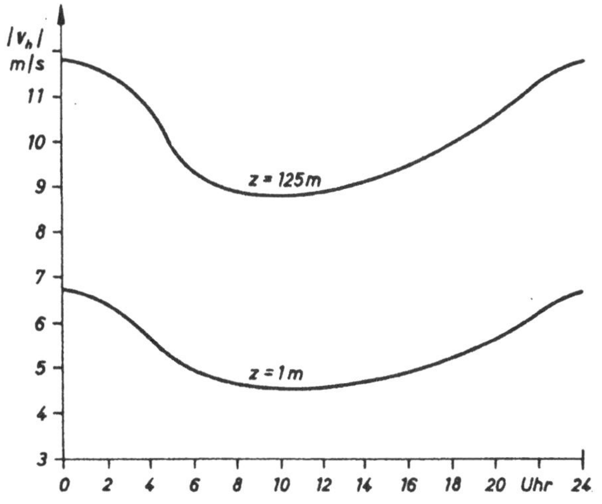

Abb. 1. Tagesgang des Betrages der Windgeschwindigkeit v_h für den k-Ansatz (2.12.5); $|v_G| = 10{,}8$ m/s; $\varphi = 5°$ n.B.

$\frac{\partial k}{\partial z}\frac{\partial u}{\partial z}$ und $k\frac{\partial^2 u}{\partial z^2}$ gegeneinander (analog für v) neben den Werten $\frac{\partial k}{\partial z}$ und k auch die Kenntnis der Ortsableitungen von u und v zur Zeit der betrachteten Windextreme erfordert.

Das spezielle Zweischichtenmodell (2.12.5) wurde von MATVEEV 1963 näher untersucht, wobei nach Angaben des Autors auf der Grundlage nicht weiter ausgeführter analytischer Berechnungen Ergebnisse gewonnen wurden, die zwar mit den dort verwendeten Meßergebnissen annähernd übereinstimmen, jedoch von unseren numerischen wie auch analytischen Resultaten quantitativ und qualitativ verschieden sind.

Wie wir bei den bisher betrachteten Änderungen des TK feststellen mußten, lassen sich hiermit weder im beschleunigungsfreien noch im instationären Fall realistische Windprofile in Abhängigkeit von der Stabilität bestimmen. Heute wissen wir, daß der Übergang von stabiler zu labiler Schichtung neben der Zunahme von $\frac{\partial k}{\partial z}$ in Bodennähe im wesentlichen durch ein Anwachsen der Höhe beschrieben wird, wo der TK sein Maximum erreicht. Aber auch in den letzten beiden Jahrzehnten sind keine vollständig akzeptierten Formulierungen für den TK bekannt geworden (s. SHIR und BORNSTEIN 1977), die den gesamten nicht neutralen Bereich der Stabilität, wie er während einer mittleren Tagesschwankung der Schichtungsverhältnisse in unseren Breiten auftreten kann, ausschöpfen. Aufschlußreiche Darlegungen zur Anwendbarkeit verschiedener k-Ansätze finden sich bei SHIR, BORNSTEIN 1977 sowie ALBERT 1981. Da die uns bekannten k-Ansätze speziell für stationäre Bedingungen innerhalb der PGS entworfen wurden, besteht außerdem die Schwierigkeit, die Auswirkungen lokaler Beschleunigungen auf die turbulenten Austauschvorgänge in der PGS so zu modellieren, daß die zeitlichen Änderungen des Windvektors, die sich beim Lösen der instationären Grenzschichtgleichung ergeben, bei Vorgabe von meßbaren Parametern den wirklichen Beschleunigungen nahekommen, wobei die Modellannahmen in der erforderlichen Weise berücksichtigt werden müssen. Wir möchten darauf hinweisen, daß sowohl eine unzureichende Darstellung stationärer Windprofile in Abhängigkeit von der Stabilität als auch die durch den k-Ansatz bedingte Beeinflussung der lokalen Beschleunigungen bei der Anwendung eines k-Modells auf instationäre Probleme zu unrealistischen Effekten führen kann. Mit der Entwicklung einer leistungsfähigen Rechentechnik entstand die Möglichkeit, Gleichungen zur Beschreibung der Vorgänge innerhalb der PGS bei Anwendung halbempirischer Schließungsansätze für den TK numerisch zu lösen. Eine ausführliche Literaturangabe von neueren Arbeiten, die instationäre Grenzschichtmodelle untersuchen, finden wir in MCBEAN et al. 1979. Bei der Bearbeitung der gestellten Aufgabe stützen wir uns auf die in den folgenden Abschnitten erläuterten k-Ansätze, wobei andere halbempirische Schließungsansätze nur zu vergleichenden Betrachtungen herangezogen werden.

3.2. Untersuchung eines k-Ansatzes von Walmsley 1973

3.2.1. Der k-Ansatz von Walmsley und seine numerische Realisierung

Aus den im vorangegangenen Abschnitt genannten Gründen war es erforderlich, einen Ansatz für den TK zu finden, der unter der Annahme einer stationären PGS möglichst gute Windprofile bei Variation der Stabilität liefert und im weiteren wenigstens formal auf instationäre Verhältnisse übertragbar ist. Dabei sollten die Bedingungen innerhalb der PGS so beschaffen sein, daß die im Abschnitt 1.2. dargelegten Voraussetzungen zumindest angenähert erfüllt werden. Zu diesem Zweck versuchten wir, den bei ALBERT 1981 entwickelten und von DITTRICH 1983 anhand der Meppener Windprofile (s. LEYKAUF 1974) getesteten k-Ansatz (2.35) für unsere Aufgabenstellung nutzbar zu machen. Nähere Erläuterungen zur Anwendung dieses Modells sowie zu den damit erzielten Ergebnissen sind im Abschnitt 3.5.3. dargelegt. Bei der Auswertung der instationären Grenzschichtgleichung (2.1) mit Hilfe dieses Ansatzes waren wir im Rahmen der Arbeit gezwungen, einen Einfluß der lokalen Beschleunigungen der Luftströmung auf die k-Profile unberücksichtigt zu lassen. Um diese Einschränkung zu überwinden, betrachteten wir das von WALMSLEY 1973 angegebene k-Modell (3.2) näher:

$$k(z) = \frac{\varkappa u_*(z + z_0)}{\varphi_B} e^{-z/\beta'} \qquad (3.2)$$

($\varkappa$ — KÁRMÁN-Konstante, es wird stets $\varkappa = 0{,}4$ gesetzt; u_* — Schubspannungsgeschwindigkeit, z_0 — Rauhigkeitsparameter, φ_B — universelle Funktionen nach BUSINGER 1971:

$$\varphi_B = \begin{cases} (1 - 15z/L)^{-1/4}; & z/L < 0 \qquad (3.3.1) \\ 1 + 4{,}7z/L; & z/L \geqq 0 \qquad (3.3.2) \end{cases}$$

L — MONIN-OBUCHOV-Länge:

$$L = -\frac{\varrho c_p u_*^3}{\varkappa g/\vartheta_0 H}; \qquad (3.4)$$

c_p — spezifische Wärme der Luft bei konstantem Druck, g — Erdbeschleunigung, ϑ_0 potentielle Referenztemperatur, H — Turbulenzwärmestrom: positives Vorzeichen bei aufwärts gerichtetem H).

Über den Parameter β', der bei WALMSLEY 1973 nicht näher erklärt wird, soll die Mächtigkeit der PGS parametrisiert werden. Für β', das gerade die Höhe des Maximums des TK bei neutraler Schichtung angibt, verwenden wir

$$\beta' = \frac{\varkappa u_*}{f}\frac{1}{\beta}. \qquad (3.5)$$

Wie eine Reihe anderer k-Ansätze ist (3.2) vom internen Parameter u_* abhängig. Da u_* über die Beziehung (3.6) von den Gradienten der gesuchten Geschwindigkeitskomponenten u und v abhängt, erhält man für derartige k-Ansätze nichtlineare Bewegungsgleichungen. Um eine korrekte Anwendung dieses Modells sowohl bei stationären als auch bei instationären Problemstellungen zu ermöglichen, stand vor uns die Aufgabe, die Schubspannungsgeschwindigkeit u_* so bestimmen, daß die Definitionsgleichung (3.6) erfüllt wird.

$$u_* = (\tau(0)/\varrho)^{1/2} = \left\{ k(0) \left[\left(\frac{\partial u}{\partial z}\right)^2 \Big|_{z=0} + \left(\frac{\partial v}{\partial z}\right)^2 \Big|_{z=0} \right]^{1/2} \right\}^{1/2} \tag{3.6}$$

Zu diesem Zweck wurde bei jedem Zeitschritt die Gleichung (3.6) iterativ angenähert. Wie die Testrechnungen zeigten, waren bei den von uns bearbeiteten Aufgaben pro Zeitschritt nicht mehr als zwei zusätzliche Berechnungen des linearen Gleichungssystems notwendig, damit der Betrag der Differenz zweier aufeinanderfolgender Näherungen für u_* unter 10^{-4} m/s lag. Auf diese Weise kann die Berechnung stationärer und instationärer Windprofile für u_*-abhängige k-Ansätze bei Vorgabe der anderen Modellparameter vorgenommen werden.

3.2.2. Untersuchung des Modellverhaltens bei Variation der Eingangsparameter

Dieser Abschnitt verfolgt das Ziel, einen Eindruck von den Eigenschaften der Windprofile, die mit Hilfe des k-Ansatzes (3.2) unter stationären Bedingungen modelliert werden können, zu vermitteln.

Zur Beurteilung des k-Modells (3.2) von Walmsley 1973 bei neutraler Schichtung ($H = 0$) betrachten wir zum einen die in Abb. 2 dargestellte Abhängigkeit der internen Parameter einer turbulenten Grenzschicht α_0 (Betrag des Winkels zwischen den Vektoren des geostrophischen Windes und der turbulenten Schubspannung am Boden) sowie u_* vom Modellparameter β und andererseits die in den Abbildungen 4 und 5 gezeigten Vertikalprofile des Betrages der Windgeschwindigkeit $|v_h|$ sowie des Winkels α für $\beta = 8$. Nach unserer Meinung verdeutlichen diese Darstellungen aber auch die darüber hinaus durchgeführten Untersuchungen (wie z. B. das Studium des Modellverhaltens bei Änderung der Rossby-Zahl

$$Ro = \frac{|v_{G0}|}{f z_0} \tag{3.7)}$$

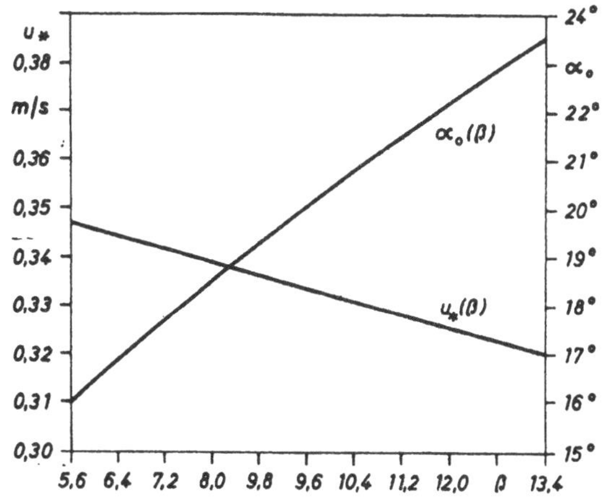

Abb. 2. Abhängigkeit der internen Parameter u_* und α_0 vom Modellparameter β (s. (3.2), (3.3)) bei neutraler Schichtung

die Möglichkeit, bei geeigneter Wahl des Parameters β mit Hilfe experimenteller Daten realistische Windprofile für neutrale Verhältnisse konstruieren zu können.

Die Gestalt des k-Ansatzes (3.2) ist so beschaffen, daß in einer Schicht über dem Erdboden, deren Höhe durch die Wahl des Parameters β beeinflußt wird, ein Verlauf des k-Profils, wie er den Aussagen der Ähnlichkeitstheorie für die Bodenschicht entspricht, angenähert wird. Oberhalb dieser Schicht kommt der dominierende Einfluß der Exponentialfunktion in (3.2) zur Geltung, der für die in Betracht kommenden universellen Funktionen sowie $\beta > 0$ stets $k(z) \underset{z \to \infty}{\to} 0$ sichert. Ausgehend von diesen Eigenschaften des k-Ansatzes wurde bei $H \neq 0$ (nichtneutrale Schichtung) φ_B (s. (3.3)) ohne Einschränkung im gesamten z-Intervall zur Berechnung von TK verwendet, um keine weiteren ad hoc-Annahmen über eine Vorschrift zur Anwendung der universellen Funktionen einführen zu müssen. Dabei wurden folgende Werte für die Konstanten in L vorgegeben:

$$g = 9{,}81\ \mathrm{m/s^2};\quad \vartheta_0 = 291\ \mathrm{K};\quad \varrho = 1{,}2\ \mathrm{kg/m^3};$$
$$c_p = 1 \cdot 10^3\ \mathrm{m^2/(s^2K)}.$$

Der Frage, inwieweit mit dieser sicherlich problematischen Vorgehensweise realistische Windprofile unter nichtneutralen Bedingungen realisiert werden können, soll im folgenden nachgegangen werden.

Die Abbildung 3 stellt die Änderung der Parameter α_0 in Abhängigkeit von der Stabilität, ausgedrückt durch den Stabilitätsparameter

$$\mu = \frac{\varkappa u_*}{fL} \tag{3.8}$$

dar. Auffallend ist die an den Beispielen $\beta = 8$ und $\beta = 12{,}8$ gezeigte relativ starke Variation von u_* und α_0 in der Umgebung von $\mu = 0$ bzw. die unbedeutende Abnahme von α_0 bei Verringerung der Stabilität für

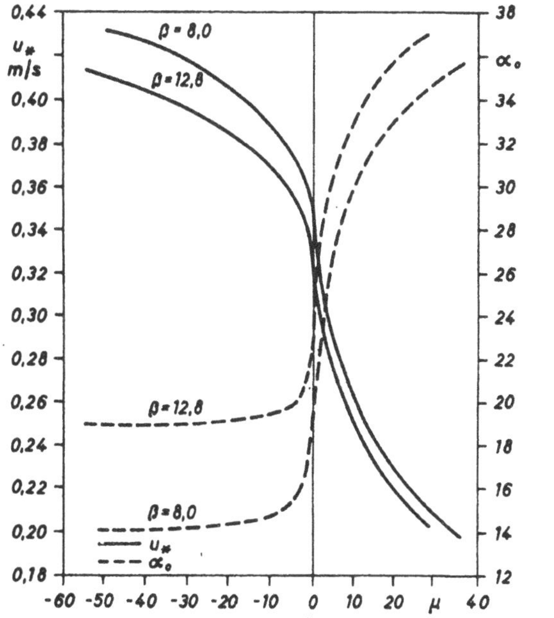

Abb. 3. $u_*(\mu)$ und $\alpha_0(\mu)$ für verschiedene Werte von β (s. (3.2), (3.3))

$\mu < -10$. Bei der Untersuchung instationärer Vorgänge werden wir auf die Auswirkungen dieses von experimentellen Ergebnissen (s. ARYA 1975) abweichenden Modellverhaltens zurückkommen.

Die Abbildungen 4 und 5 zeigen angenähert die durch Beobachtungen gesicherte Charakteristik der Profilverläufe von $|v_h|$ und α in Abhängigkeit von der durch Variation des turbulenten Wärmestromes beeinflußten Stabilität, wobei $\beta = 8$ gewählt wurde. Um die Qualität der berechneten Windprofile besser einschätzen zu können, ist ein Vergleich mit Beobachtungsdaten notwendig. Sicherlich ließe sich im Anschluß daran durch bestimmte Modifikationen dieses Modells (z. B. Änderung von β in Abhängigkeit von der Stabilität der Schichtung) eine zunehmende Anpassung an experimentell ermittelte Werte erreichen. Diese Möglichkeit werden wir im weiteren nicht untersuchen, da zur Wertung der mit dem Modell (3.2) erzielten Resultate unter instationären Be-

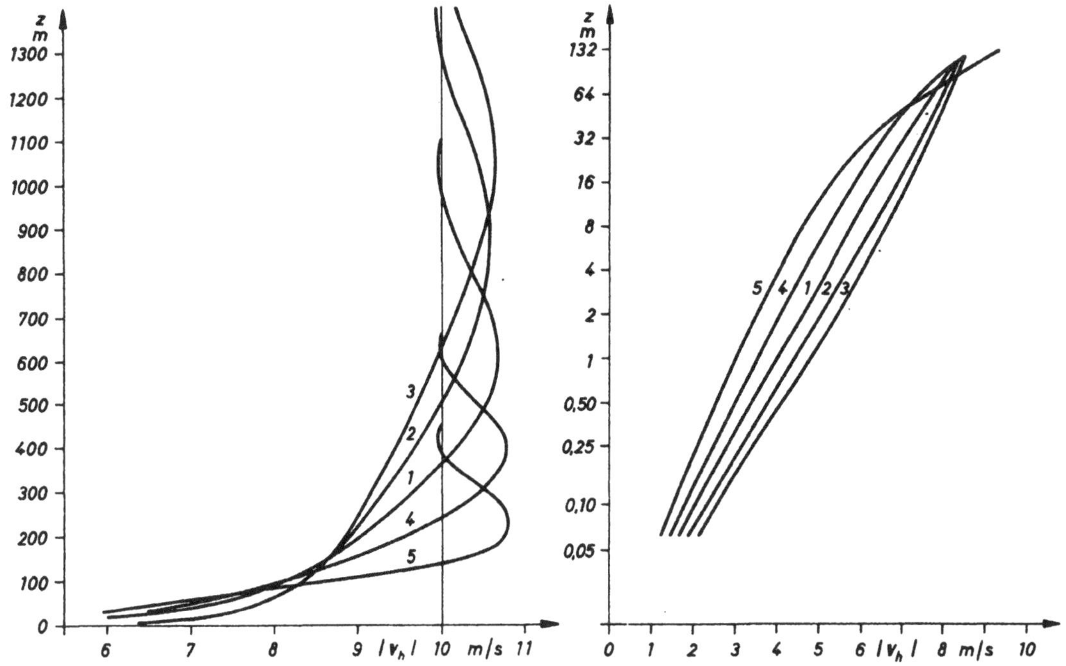

Abb. 4. Vertikalprofile von $|v_h|$ bei Variation des Turbulenzwärmestromes H in (3.2): $H(1) = 0$; $H(2) = 25$ W/m²; $H(3) = 125$ W/m²; $H(4) = -5$ W/m²; $H(5) = -15$ W/m²; $\beta = 8$; $z_0 = 1$ cm; $|v_G| = 10$ m/s; $f = 10^{-4}$ s^{-1}

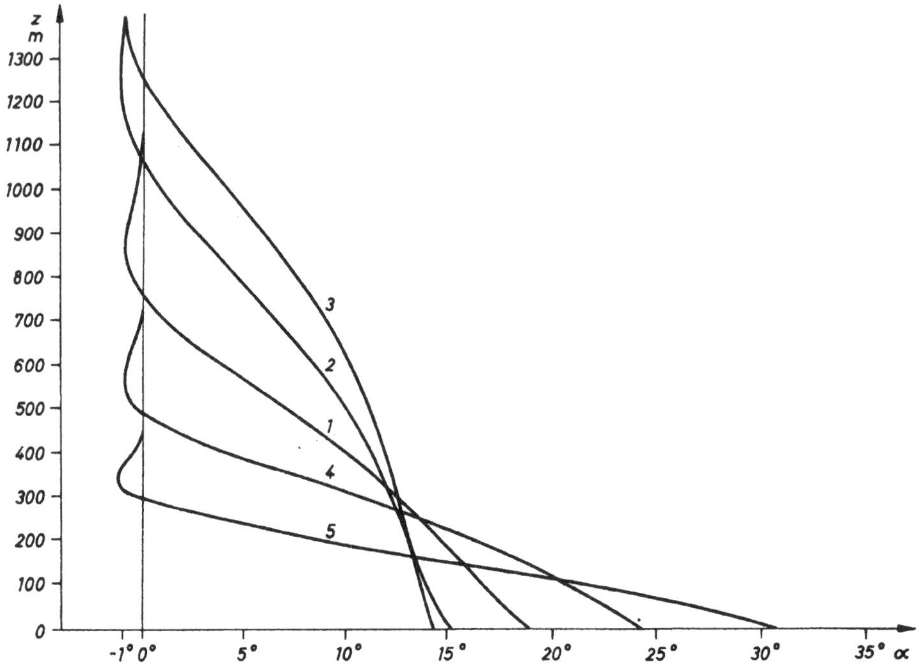

Abb. 5. Vertikalprofil von α bei Variation des Turbulenzwärmestromes H in (3.2): $H(1) = 0$; $H(2) = 25$ W/m²; $H(3) = 125$ W/m²; $H(4) = -5$ W/m²; $H(5) = -15$ W/m²; $\beta = 8$; $z_0 = 1$ cm; $|v_G| = 10$ m/s; $f = 10^{-4}$ s^{-1}

dingungen Vergleiche mit dem ausführlich getesteten k-Ansatz (2.35) von ALBERT 1981 sowie einem im nächsten Abschnitt vorgestellten Modell (3.9) dienen sollen.

3.3. Ein Zweischichtmodell für den Turbulenzkoeffizienten

In Anlehnung an das k-Modell (2.12.5), auf das wir in den Abschnitten 2.2., 2.3. und 3.1 eingegangen sind, wurde ein Ansatz der Gestalt (3.9) zur Schließung der Grenzschichtgleichung verwendet.

$$k(z) = \begin{cases} \varkappa u_*(z + z_0); & 0 \leqq z \leqq Z_M , \\ \varkappa u_*(Z_M + z_0); & Z_M \leqq z < \infty . \end{cases} \qquad (3.9)$$

Wegen der u_*-Abhängigkeit erfolgte die numerische Bearbeitung des Problems nach dem im Abschnitt 3.2.1 angegebenen Verfahren. Um die Eigenschaften von (3.9) bei Variation der vorzugebenden Höhe Z_M unter stationären Bedingungen kennenzulernen, betrachten wir die Abbildungen 6, 7 und 8. Die in den Abbildungen 6 und 7 gezeigten Profile von $|v_h|$ und α geben zumindest qualitativ das in der realen Atmosphäre beobachtete Verhalten der Vertikalprofile des Windvektors bei unterschiedlicher Stabilität wieder. In Abb. 8 sind α_0 und u_* als Funktion von Z_M dargestellt, wobei durch die ungewohnte Einteilung der Z_M-Achse ein besserer Vergleich mit Abb. 3 ermöglicht werden soll. Die bei den angeführten äußeren Parametern ermittelten Werte von α_0 und u_* im betrachteten Z_M-Intervall weisen unter Berücksichtigung der Einfachheit des Modells befriedigend den gewohnten Zusammenhang der internen Parameter bei Änderung der Stabilität auf.

Ausgehend von der hier vorgestellten Modellcharakteristik nahmen wir den Ansatz (3.9) in die Untersuchung tagesperiodischer Vorgänge innerhalb der PGS auf, indem die in Abb. 21 gezeigte Variation von Z_M vorgegeben wurde, um eine mittlere tägliche Schwankung der Stabilität zu simulieren. Wie eine Gegenüberstellung mit dem bei WIPPERMENN 1973, S. 233 aufgeführten Tagesgang von H_0, der in unserer Abb. 9 wiedergegeben wird, verdeutlicht, setzen wir damit ad hoc eine Proportionalität zwischen Z_M und H_0 voraus, die zu der in Abb. 8 dargestellten Abhängigkeit der internen Parameter u_* und α_0 von der Stabilität führt.

Bei der Festlegung des Intervalls der Tagesschwankung von Z_M orientierten wir uns lediglich an beobachteten Variationsbereichen von α_0.

Dieses vom theoretischen Standpunkt aus betrachtet unbefriedigende Vorgehen erscheint uns deshalb gerechtfertigt, weil aus den im Vergleich zum k-Ansatz (3.2) veränderten Eigenschaften von $\alpha(z)$ (einschließlich α_0) und u_* bei Variation der Stabilität (s. Abb. 3 und 8 bzw. 5 und 7) Schlußfolgerungen über deren Einfluß auf zeitabhängige Vorgänge gezogen werden können.

3.4. Zum Einfluß der Höhenabhängigkeit der Dichte auf das Windprofil

Wenn wir annehmen, daß die Höhenabhängigkeit der Dichte ϱ in den vorzugebenden Komponenten für den geostrophischen Wind enthalten ist, kann die Änderung von ϱ mit der Höhe bei der numerischen Lösung der instationären Grenzschichtgleichung durch den Term

$$\frac{1}{\varrho} \frac{\partial \varrho}{\partial z} k \frac{\partial u}{\partial z} \quad \text{(analog für } v \text{ s. Gleichung (2.7))}$$

berücksichtigt werden.

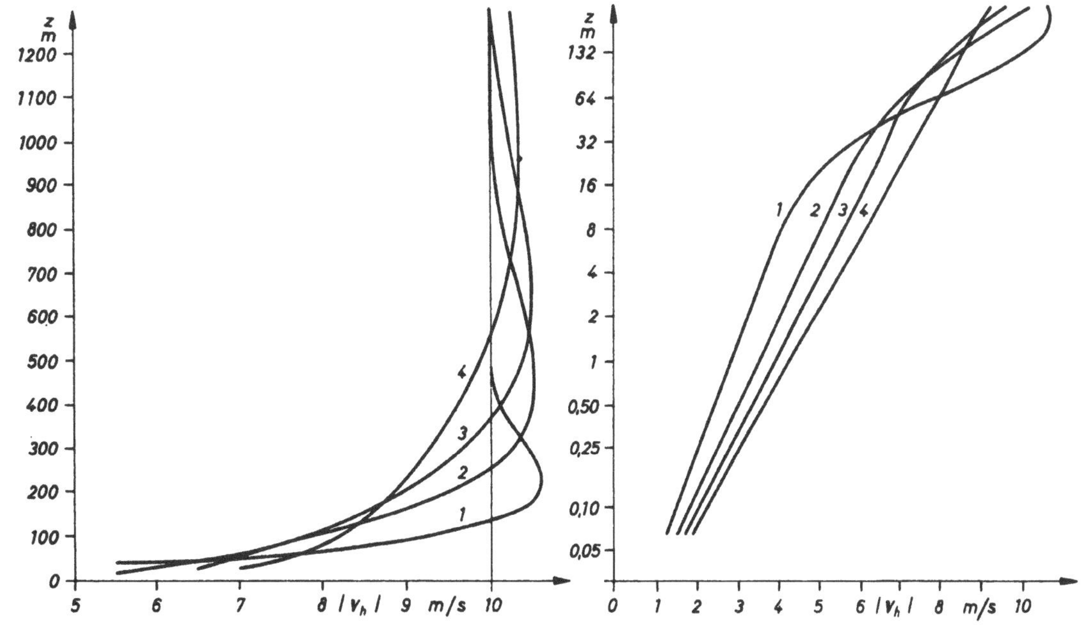

Abb. 6. Vertikalprofile von $|v_h|$ bei Variation von Z_M in ((3.9): $Z_M(1) = 6$ m; $Z_M(2) = 21{,}8$ m; $Z_M(3) = 42{,}8$ m; $Z_M(4) = 120{,}1$ m; $z_0 = 1$ cm; $|v_G| = 10$ m/s; $f = 10^{-4}$ s^{-1}

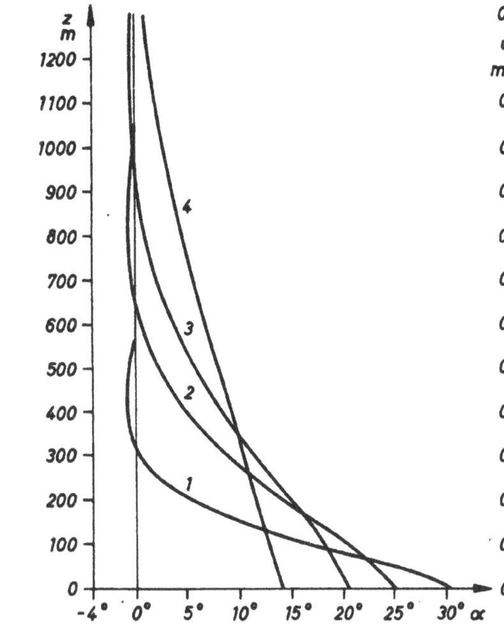

Abb. 7

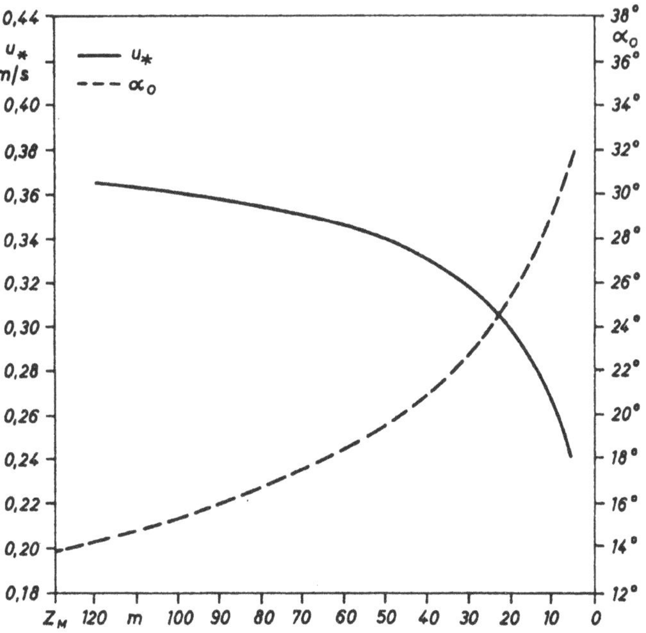

Abb. 8

Abb. 7. Vertikalprofil von α bei Variation von Z_M in (3.9): $Z_M(1) = 6$ m; $Z_M(2) = 21{,}8$ m; $Z_M(3) = 42{,}8$ m; $Z_M(4) = 120{,}1$ m; $z_0 = 1$ cm; $|\mathbf{v}_G| = 10$ m/s; $f = 10^{-4}\ \mathrm{s}^{-1}$

Abb. 8. u_* und α_0 in Abhängigkeit von Z_M (s. (3.9))

Ist der vertikale Temperaturverlauf bekannt, läßt sich $\frac{1}{\varrho}\frac{\partial\varrho}{\partial z}$ mit Hilfe von

$$\frac{1}{\varrho}\frac{\partial\varrho}{\partial z} = -\frac{c_v}{c_p}\frac{g}{R}\frac{1}{T} - \frac{1}{\vartheta}\frac{\partial\vartheta}{\partial z} \qquad (3.10)$$

und

$$\frac{1}{\vartheta}\frac{\partial\vartheta}{\partial z} = \frac{1}{T}\left(\frac{\partial T}{\partial z} + \frac{g}{c_p}\right) \qquad (3.11)$$

(c_v — spezifische Wärmekapazität der Luft bei konstantem Volumen, R — spezifische Gaskonstante, T — Temperatur, ϑ — potentielle Temperatur) ausdrücken.

In der Absicht, die Größenordnung der Abweichung zwischen den berechneten Windprofilen bei höhenveränderlicher bzw. konstanter Dichte ϱ für stabile, neutrale sowie labile Schichtung abschätzen zu können, wurden bei ORLENKO und ŠKLJAREVIČ 1975 angegebene Temperaturprofile durch folgende Funktionen approximiert und ein entsprechender turbulenter Wärmestrom H vorgegeben:

$$T(z) = -az + 291{,}5\ \mathrm{K} + be^{-cz} \qquad (3.12)$$

$a = 0{,}0074$ K/m (g/c_p wurde in (3.11) durch a ersetzt)

	b in K	c in m^{-1}	H in $\mathrm{W/m^2}$
stabil	−8,35	0,00883	−10
neutral	0	—	0
labil	2,65	0,00251	85

Zur Berechnung der Windprofile in einer barotropen PGS wurden die Parameter $z_0 = 1$ cm, $|\mathbf{v}_G| = 7{,}5$ m/s und $\beta = 8$ in (3.2) eingegeben. Für den Betrag des Differenzvektors der Windgeschwindigkeit aus den entsprechenden Windprofilen ergaben sich folgende maximale Werte:

stabil:	0,02 m/s	$z \approx 10$ m
neutral:	0,017 m/s	$z \approx 180$ m
labil:	0,007 m/s	$z \approx 250$ m

Da diese Beträge die Größenordnung der interessierenden Effekte mindestens um eine Zehnerpotenz unterschreiten, ist eine Vernachlässigung der Höhenabhängigkeit der Dichte ϱ bei unseren Aufgabenstellungen gerechtfertigt.

3.5. Untersuchung tagesperiodischer Änderungen des Windvektors

In diesem Abschnitt werden wir Ergebnisse vorstellen und diskutieren, die wir bei der Untersuchung des Tagesganges von $\mathbf{v}_h$ mit Hilfe der k-Ansätze (3.2), (2.35) und (3.9) erhalten haben. Dazu wendeten wir das in Abschnitt 2.1. beschriebene numerische Verfahren zur Lösung der instationären Grenzschichtgleichung (2.1) an. Bei der Bearbeitung dieser Aufgabe wurde eine Änderung des geostrophischen Windes mit der Höhe oder der Zeit ausgeschlossen. Die zeitliche Variation des TK wird auf eine tagesperiodische Schwankung der in den k-Modellen verwendeten stabilitätsabhängigen Parameter zurückgeführt.

3.5.1. Ergebnisse, die mit dem Modell (3.2) von Walmsley erzielt wurden

Auf der Suche nach einem brauchbaren Tagesgang des Turbulenzwärmestromes H, der als stabilitätsabhängige

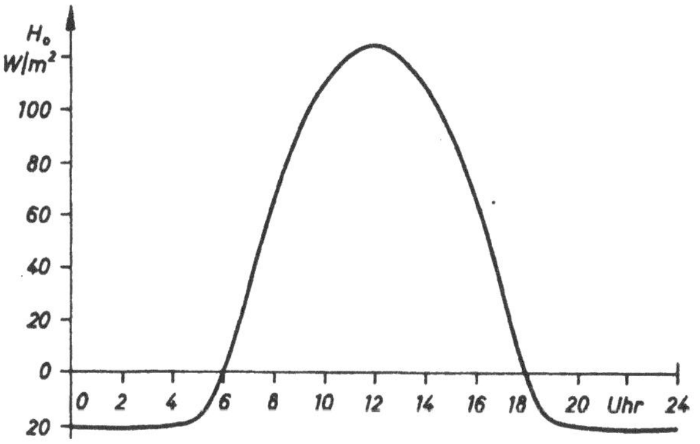

Abb. 9. Tagesgang des Turbulenzwärmestromes am Boden H_0 (nach WIPPERMANN 1973, S. 234)

Größe in das Modell (3.2) von WALMSLEY 1973 eingeht, entschieden wir uns für eine bei WIPPERMANN 1973, S. 234 angegebene Tagesschwankung des Turbulenzwärmestromes am Boden H_0. Neben der bei WIPPERMANN 1973, S. 233 aufgeführten Gegenüberstellung zu experimentell ermittelten Tagesgängen von H_0 bot diese den Vorteil, einen besseren Vergleich unserer mit den von WIPPERMANN 1973, S. 222—244 veröffentlichten Ergebnissen eines instationären Grenzschichtmodells herstellen zu können. Auf die nach unserer Meinung mit einer Anwendung von H_0 in zeitabhängigen Grenzschichtmodellen verbundenen Probleme soll in Abschnitt 3.5.2. eingegangen werden.

Die für jeden Zeitgitterpunkt des Differenzenschemas benötigten H_0-Werte werden mit Hilfe einer kubischen Splineinterpolation aus den bei WIPPERMANN 1973, S. 234 angegebenen stündlichen Daten bestimmt. Abb. 9 zeigt den hieraus resultierenden Verlauf von H_0, der symmetrisch zu 12 Uhr liegt.

Unter Beachtung der bei den Testrechnungen gesammelten Erfahrungen, auf die wir im Abschnitt 2.3. näher eingegangen sind, wählten wir zur numerischen Lösung folgende Zeit- und Ortsdiskretisierung:

$$\Delta t = 0{,}25\,\mathrm{h};\ np = 3;\ \Delta z^* = 0{,}1;\ N = 140;$$
$$z_N = 2744\,\mathrm{m};\ (np, \Delta z^*, N\ \mathrm{s.}\ (2.9))\,.$$

Um einen vernachlässigbaren Wert von s_1 (s. (2.39)) voraussetzen zu können, verwendeten wir in den Untersuchungen zum Abschnitt 3.5. die Ergebnisse der 4. Tagesperiode nach dem Anfangszeitpunkt der numerischen Integration, wobei als AB eine stationäre Lösung eingesetzt wurde.

Die zur Berechnung von L (s. (3.4)) benötigten Konstanten entsprechen den im Abschnitt 3.2.2. angegebenen Daten. Außerdem legten wir für die in das Modell (3.2) einzugebenden Parameter z_0 und β folgende Werte fest:

$$z_0 = 1\,\mathrm{cm};\quad \beta = 8\,.$$

Der Betrag des parallel zur x-Achse liegenden geostrophischen Windes wurde mit 10 m/s vorgegeben. Bis auf die in diesem Abschnitt vorgenommene Untersuchung zum Einfluß einer Änderung von f auf den Tagesgang von v_h wurde $f = 10^{-4}\,\mathrm{s}^{-1}$ gewählt.

Im folgenden gehen wir auf die Ergebnisse ein, die unter Verwendung des Modells (3.2) beim Studium des Tagesganges von v_h erzielt wurden. Wesentliche Merkmale, die in den tagesperiodischen Änderungen von v_h, α, u_* und dem TK auftreten und im späteren Vergleich mit den Resultaten der k-Ansätze (2.35) und (3.9) von Bedeutung sind, sollen hervorgehoben werden.

In Abb. 10 ist der Tagesgang des Betrages der Windgeschwindigkeit v_h in verschiedenen Höhen dargestellt. Hierfür ergibt sich ein qualitativ den Erfahrungen entsprechender Gang von $|v_h|$ in Bodennähe ($z = 2{,}2$ m), der nachmittags sein Maximum sowie während der Abendstunden seinen minimalen Wert erreicht. Im Verlauf von $|v_h|$ in den Höhen $z = 125$ m und $z = 250$ m tritt deutlich ein Minimum gegen 8 Uhr hervor, welches selbst in $z = 2{,}2$ m noch bemerkbar ist und sich in Höhen oberhalb 250 m (s. $z = 614$ m und $z = 1000$ m) unter Abschwächung in die davorliegenden Morgen bzw. Nachtstunden verschiebt. Das Maximum von $|v_h|$ in Bodennähe, welches mit $f = 10^{-4}\,\mathrm{s}^{-1}$ gegen 14.30 Uhr eintritt, wird oberhalb von 50 bis 100 m vom nächtlichen Maximum übertroffen. Die Amplitude der Tagesschwankung von $|v_h|$ beträgt in $z = 2{,}2$ m ungefähr 2,7 m/s, nimmt bei $z = 51$ m auf 1,4 m/s ab und erreicht bei etwa 250 m ihr Maximum mit rund 4 m/s. Oberhalb von 2000 m ist die tagesperiodische Änderung von $|v_h|$ unter den gegebenen Modellbedingungen vernachlässigbar klein.

Um genauere Vorstellungen über den Einfluß lokaler Beschleunigungen auf den Tagesgang von v_h bei Verwendung des Modells (3.2) zu erhalten, betrachten wir Abb. 11 und 12. In Abb. 11a bis l sind für verschiedene Tageszeiten die unter stationären bzw. instationären Bedingungen berechneten Vertikalprofile von $|v_h|$ und α gegenübergestellt. Die auf Abb. 12b in ihrer Herausbildung befindlichen und von Abb. 11a im Ergebnis gezeigten markanten Unterschiede zwischen stationärem und instationärem Profil von $|v_h|$ und α sind durch einen größeren Wert von $|v_h|$ und eine Erhöhung der Obergrenze der PGS gekennzeichnet, die auch im Profilverlauf von α beachtet werden sollte. Dagegen sind die Profile für 12 Uhr (Abb. 11b) von $|v_h|$ nahezu identisch, wobei

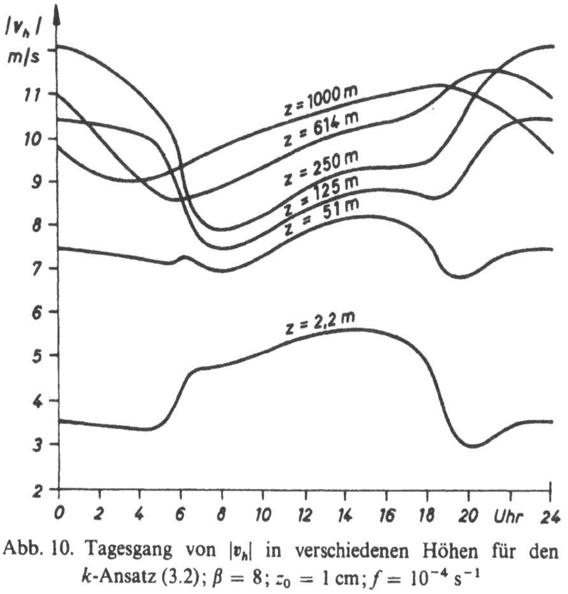

Abb. 10. Tagesgang von $|v_h|$ in verschiedenen Höhen für den k-Ansatz (3.2); $\beta = 8$; $z_0 = 1$ cm; $f = 10^{-4}\,\mathrm{s}^{-1}$

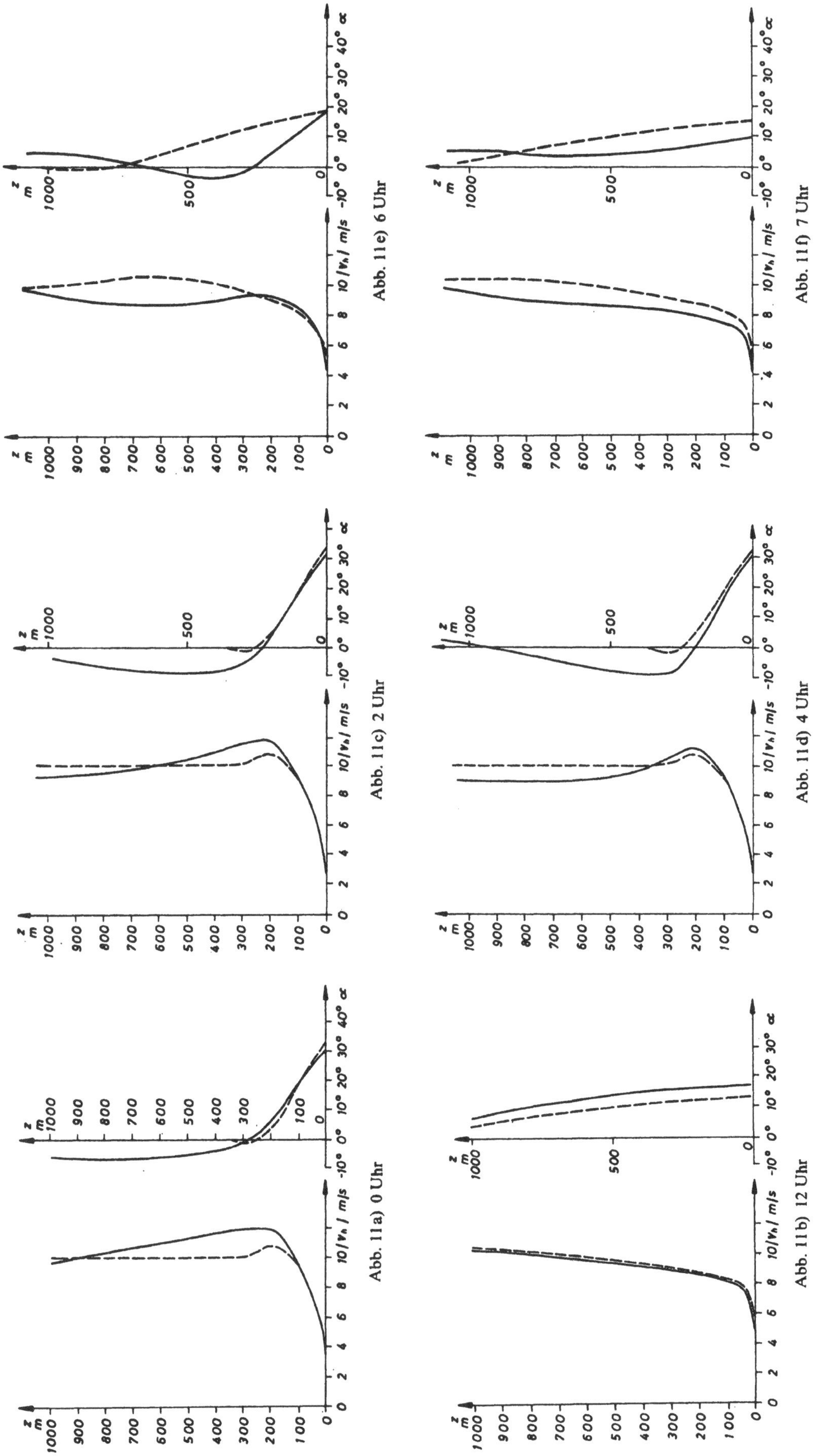

Abb. 11a) 0 Uhr

Abb. 11b) 12 Uhr

Abb. 11c) 2 Uhr

Abb. 11d) 4 Uhr

Abb. 11e) 6 Uhr

Abb. 11f) 7 Uhr

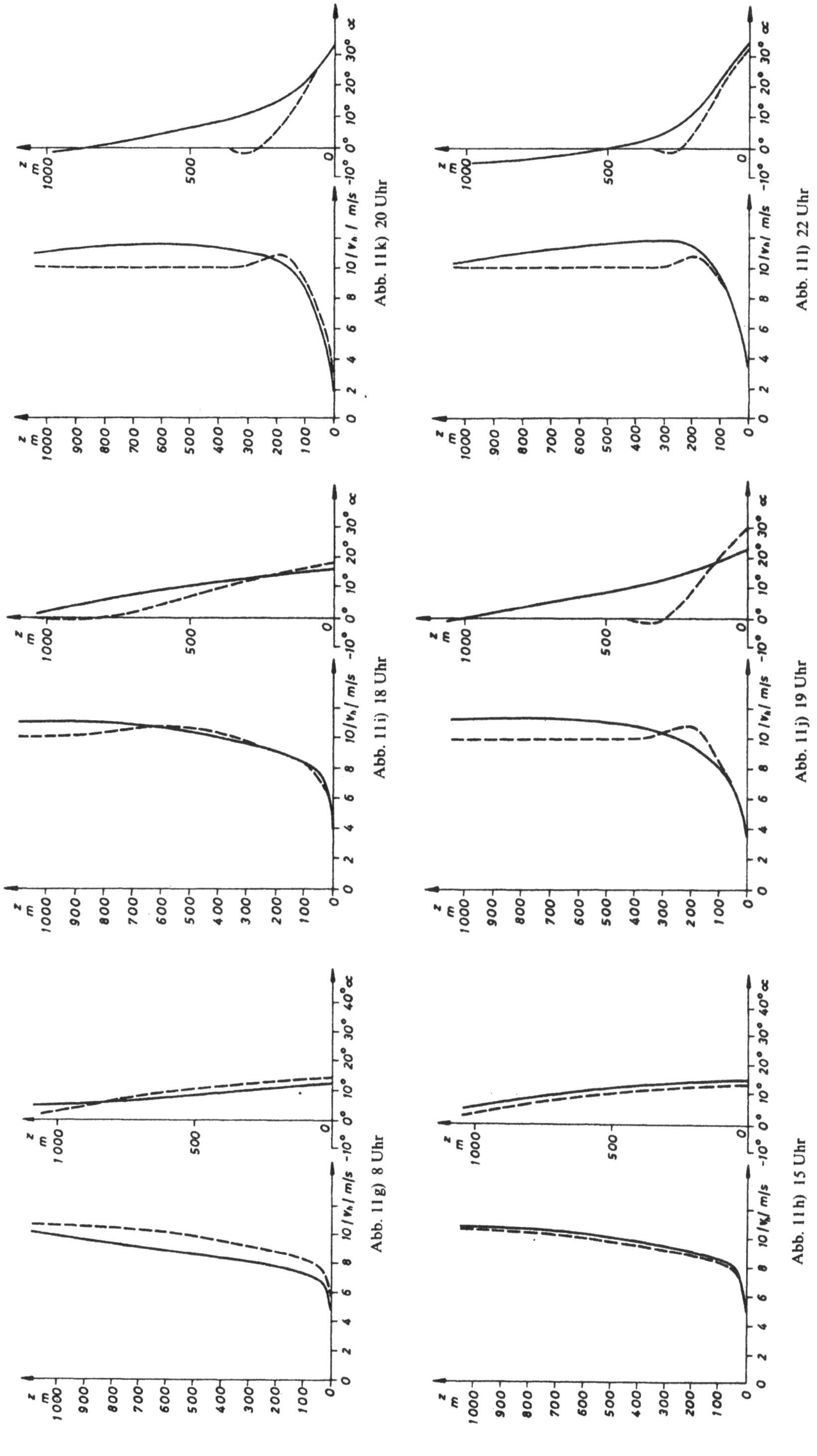

Abb. 11g) 8 Uhr

Abb. 11h) 15 Uhr

Abb. 11i) 18 Uhr

Abb. 11j) 19 Uhr

Abb. 11k) 20 Uhr

Abb. 11l) 22 Uhr

Abb. 11a)—l) Vertikalprofile von $|v_h|$ und α für den k-Ansatz (3.2) zu verschiedenen Zeiten; $z_0 = 1$ cm; $|v_G| = 10$ m/s; $f = 10^{-4}$ s^{-1}

——— instationäre Profile

- - - - stationäre Profile

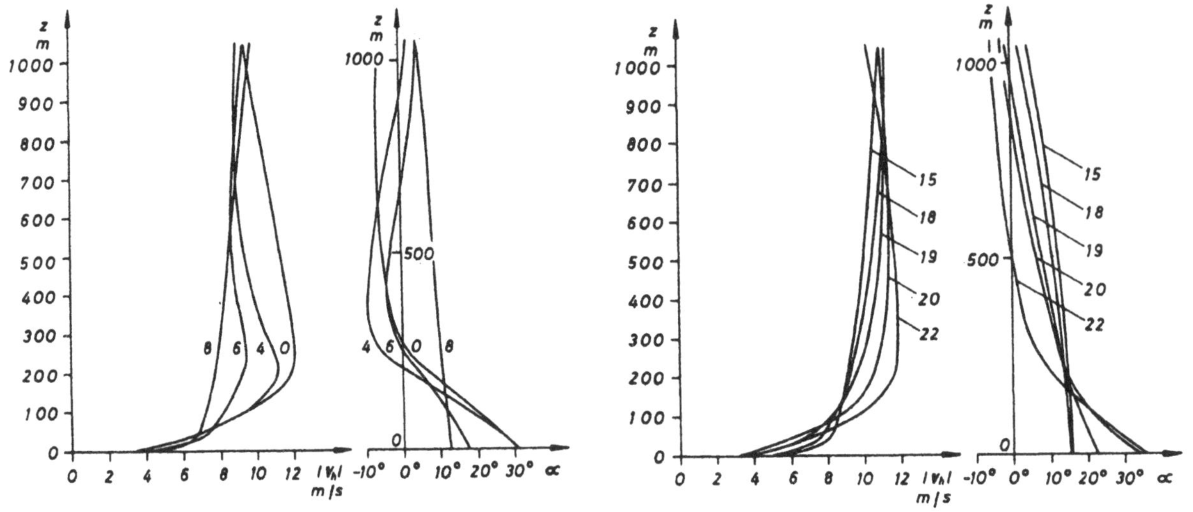

Abb. 12a) Abb. 12b)

Abb. 12a), b) Zeitliche Folge instationärer Vertikalprofile von $|v_h|$ und α während der Übergangszeiten (k-Ansatz (3.2)); Bezifferung entspricht der Tageszeit; $z_0 = 1$ cm; $|v_G| = 10$ m/s; $f = 10^{-4}$ s^{-1}

eine annähernd konstante Drehung des Vertikalprofiles von v_h um $-3°$ bis $-4°$ gegenüber dem stationären Profil auftritt. Bemerkenswerte Abweichungen der instationären von den stationären Vertikalprofilen finden wir bei α nach Mitternacht oberhalb von 200 m (entspricht ungefähr der Höhe des Maximums von $|v_h|$ in diesen Zeiten) sowie während der Übergangsstunden 6, 19 und 20 Uhr. Außerdem verweisen wir auf die im gesamten betrachteten Höhenbereich zu verzeichnende Unterschreitung der stationären Werte von $|v_h|$ für 7 und 8 Uhr, die in der Entwicklung auf Abb. 12a verfolgt werden kann.

Die graphische Beschreibung der zeitlichen Änderung von v_h in verschiedenen Höhen wird von Abb. 13 bzw. 14a vervollständigt. Betrachten wir die Entstehung des nächtlichen übergeostrophischen Maximums von $|v_h|$ anhand der Abbildungen 13 und 14a (vergleiche auch Abb. 12b), fällt die Ähnlichkeit des Ganges der nächtlichen Hodographenkurven für die Höhen $z = 250$ m und $z = 614$ m mit der von BLACKADAR 1957 gegebenen Darstellung der Entwicklung eines „Low-Level Jet" auf. Die Ursache dieser Erscheinung bei tagesperiodischer Änderung des Windvektors v_h ist im Modell mit dem Verhalten des TK verbunden, dessen Wert in den Abendstunden sprunghaft abnimmt und somit auch in niedrigeren Höhen während der Nacht die turbulenzbedingte Reibung auf einen unbedeutenden Wert herabsetzt. Die von der Zeit und Höhe abhängige Reaktion der Luftströmung auf diesen Vorgang kann in den Abbildungen 13 und 14a studiert werden. Da die zeitliche Änderung des TK in den Nachtstunden relativ unbedeutend ist, erhalten wir eine mit zunehmender Höhe deutlicher ausgeprägte und dort schwächer gedämpfte Trägheitsschwingung von v_h. Diese beeinflußt in Abhängigkeit von f den Zeitpunkt und den Betrag des durch Beschleunigungsvorgänge gesteigerten übergeostrophischen Ma-

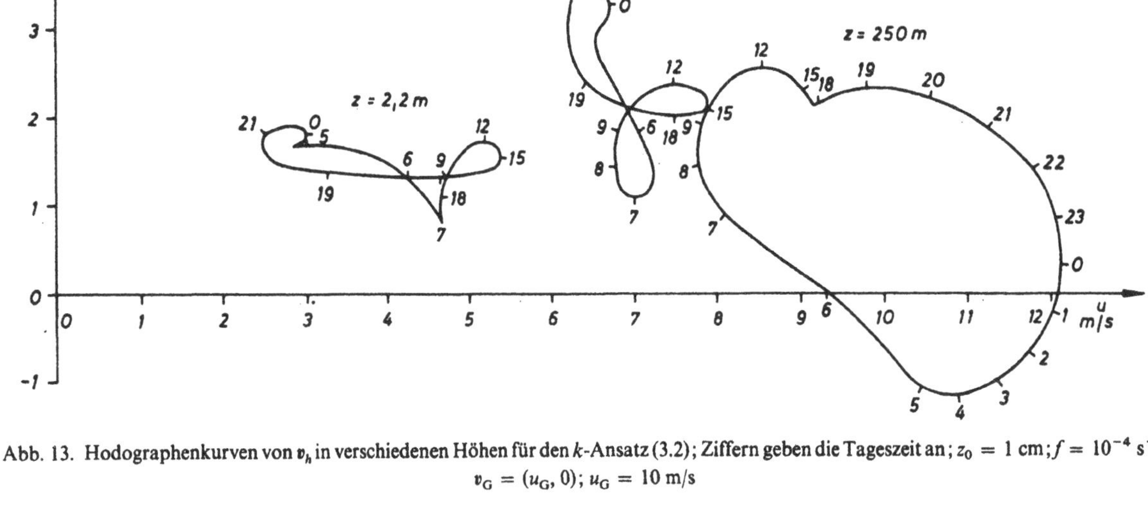

Abb. 13. Hodographenkurven von v_h in verschiedenen Höhen für den k-Ansatz (3.2); Ziffern geben die Tageszeit an; $z_0 = 1$ cm; $f = 10^{-4}$ s^{-1}; $v_G = (u_G, 0)$; $u_G = 10$ m/s

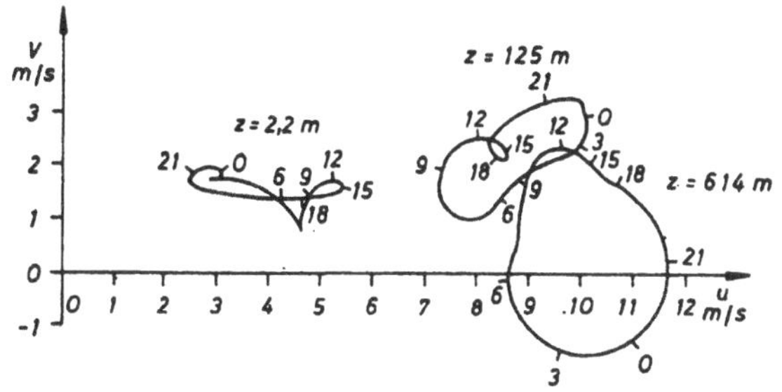

Abb. 14a) k-Ansatz (3.2)

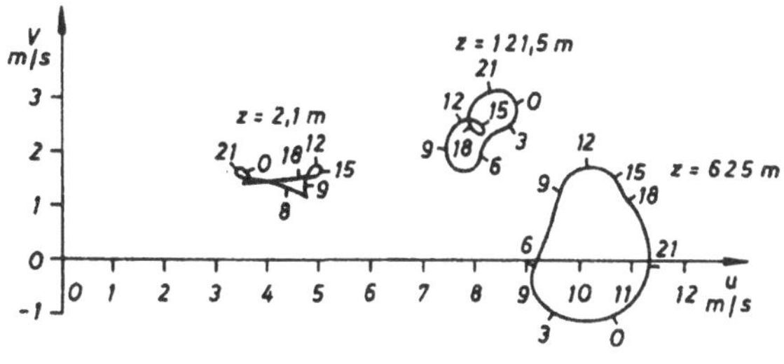

Abb. 14b) k-Ansatz (2.35)

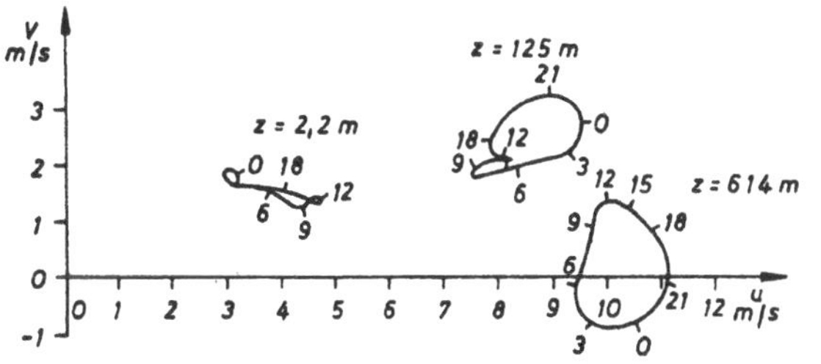

Abb. 14c) k-Ansatz (3.9)

Abb. 14a)—c) Hodographenkurven von v_h in verschiedenen Höhen für die k-Ansätze a) (3.2), b) (2.35) und c) (3.9); Ziffern geben die Tageszeit an; $z_0 = 1$ cm; $f = 10^{-4}$ s^{-1}; $v_G = (u_G, 0)$; $u_G = 10$ m/s

ximums von $|v_h|$. Die dabei gewonnene kinetische Energie der Luftströmung ist ein Ausdruck der Abnahme der in den turbulenten Bewegungen enthaltenen Bewegungsenergie. Beinahe ebenso abrupt wie in der abendlichen Übergangszeit ändert sich der Verlauf des TK in den Morgenstunden (vergleiche dazu den in Abb. 15 dargestellten Tagesgang der Höhe Z_M und des Maximums von TK k_{MAX}), wobei sich die für das Verhalten von v_h wesentlichen Eigenschaften der Gestalt von TK in der Zeit von 8 bis 17 Uhr kaum ändern. Damit wird auch die übereinstimmende Form der Hodographenkurven von v_h in den Höhen $z = 2{,}2$ m, $z = 51$ m, $z = 125$ m und $z = 250$ m zwischen 7 und 15 Uhr in Abb. 13 und 14a erklärbar, die dem Gang des Windvektors bei Annäherung an einen stationären Zustand ähnelt.

Nach den bisher durchgeführten Vergleichen zwischen stationären und instationären Vertikalprofilen von $|v_h|$ und α, die anhand von Abb. 11 vorgenommen wurden, gehen wir nun auf die in Abb. 16 und 17 dargestellten Auswirkungen lokaler Beschleunigungen auf den Tagesgang von $|v_h|$ in verschiedenen Höhen bzw. auf die tagesperiodische Variation von $u_*(\mu)$ und $\alpha_0(\mu)$ ein. Bemerkenswert ist dabei die gegenüber der Folge stationärer Werte vergrößerte Amplitude der Tagesschwankung von $|v_h|$ in $z = 250$ m (s. Abb. 16), wobei $|v_G|$ um das 1,2fache überschritten wird. Dagegen ist bei $z = 51$ m und $z = 2{,}2$ m eine nur unwesentliche Änderung der Amplitude von $|v_h|$ festzustellen. Durch die auftretenden Beschleunigungen wird das Maximum von $|v_h|$ in Bodennähe gegenüber den stationären Verhältnissen von 12 auf 14.30 Uhr verschoben.

Der in Abb. 17 im Vergleich zur Folge stationärer Werte gezeigte Tagesgang von $u_*(\mu)$ und $\alpha_0(\mu)$ bietet die Möglichkeit, den Einfluß lokaler Beschleunigungen auf derartige, experimentell ermittelte Abhängigkeiten einschätzen zu können. Obgleich die Wirklichkeitsnähe der in Abb. 17 dargestellten Modellergebnisse zunächst dahingestellt bleiben mag, da der in Abschnitt 3.5.6. erwähnte Vergleich mit Beobachtungsdaten höchstens

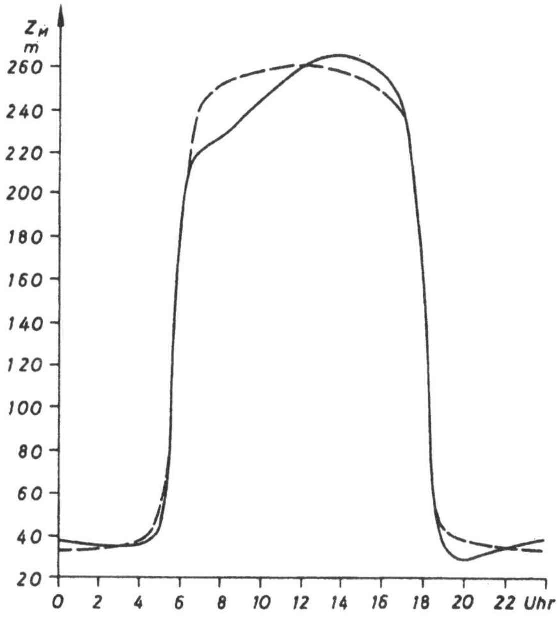

Abb. 15a)

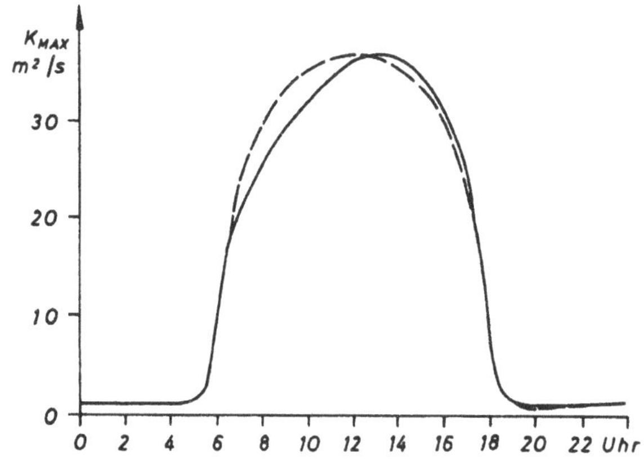

Abb. 15b)

Abb. 15a), b) Tagesgang der Höhe Z_M (a) und des Maximums des Turbulenzkoeffizienten k_{MAX} (b) im Vergleich zu stationären Verhältnissen; $z_0 = 1$ cm; $|v_G| = 10$ m/s; $f = 10^{-4}$ s^{-1}
———— instationäre Bedingungen;
- - - - - stationäre Bedingungen

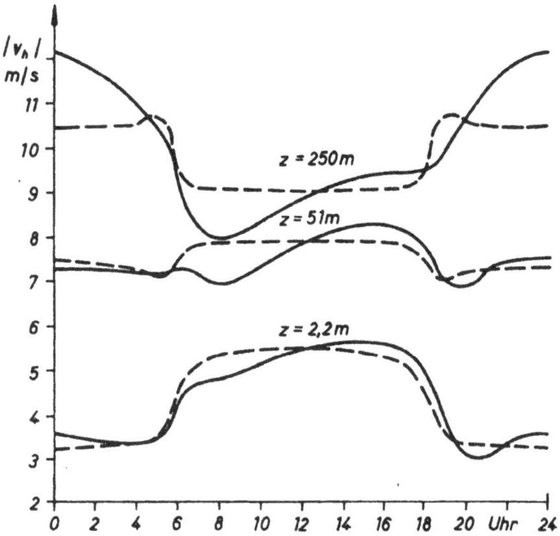

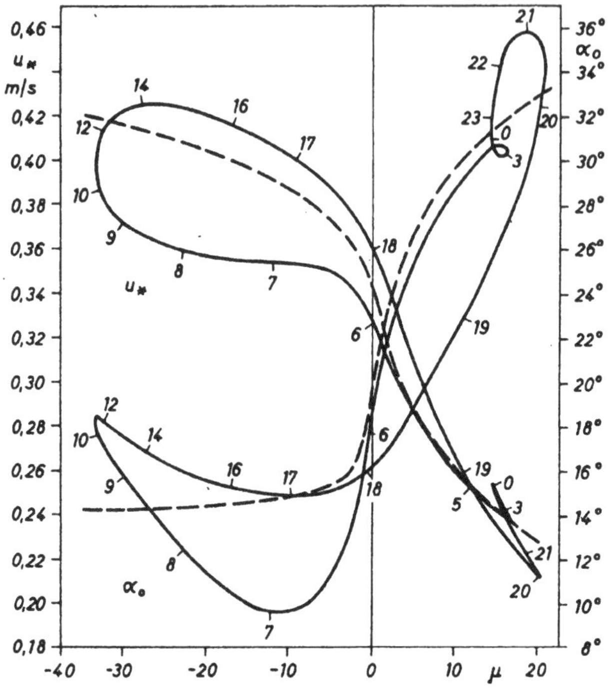

Abb. 16. Tagesgang von $|v_h|$ im Vergleich zur Folge stationärer Lösungen für den k-Ansatz (3.2); z_0 = 1 cm; $|v_G|$ = 10 m/s; $f = 10^{-4}$ s^{-1}
——— instationäre Bedingungen;
– – – – – stationäre Bedingungen

Abb. 17. $u_*(\mu)$ und $\alpha_0(\mu)$ für eine Tagesperiode; k-Ansatz (3.2); z_0 = 1 cm; $|v_G|$ = 10 m/s; $f = 10^{-4}$ s^{-1}
——— instationäre Bedingungen;
– – – – – stationäre Bedingungen,
Ziffern geben die Tageszeit an.

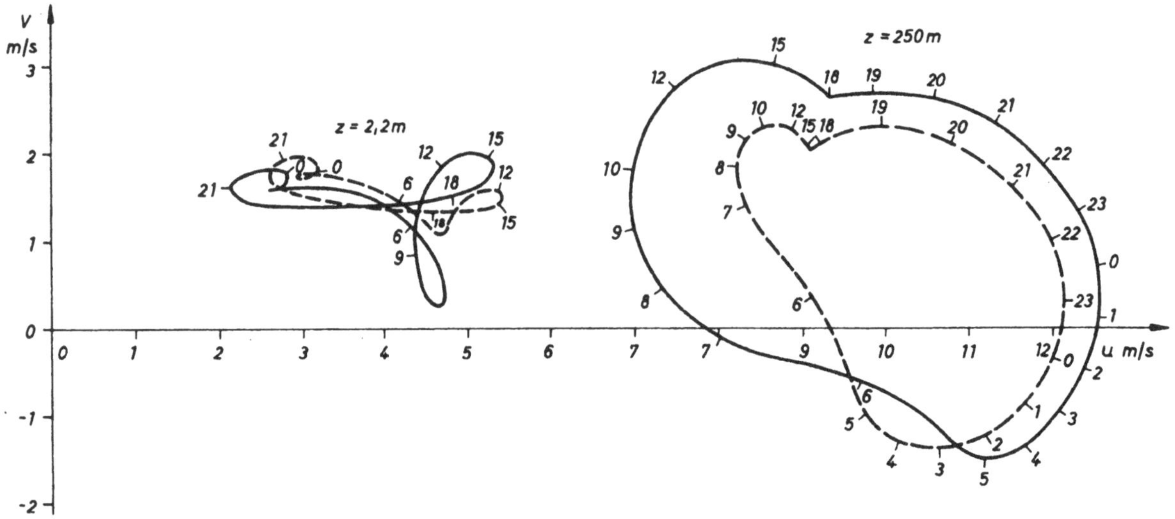

Abb. 18. Zum Einfluß des Coriolisparameters auf die Hodographenkurven von v_h in verschiedenen Höhen beim k-Ansatz (3.2); Ziffern geben die Tageszeit an; z_0 = 1 cm; $v_G = (u_G, 0)$; u_G = 10 m/s
——— $\varphi = 35°$ n.B.
– – – – – $\varphi = 52°$ n.B.

qualitative Schlußfolgerungen zuläßt, zeichnet sich auch aus unseren Ergebnissen (vergleiche Wippermann 1973, S. 242) eine nicht vernachlässigbare Differenz zwischen den stationär bzw. instationär ermittelten Zusammenhängen dieser Grenzschichtparameter ab. Für die mit dem Modell (3.2) erhaltenen Ergebnisse trifft diese Aussage in den Vormittagsstunden sowohl auf u_* als auch auf α_0 zu. Bemerkenswert sind ferner die Abweichungen zwischen stationären und instationären Werten bei $\alpha_0(\mu)$ im Bereich von 18 bis 20 Uhr (das Maximum des Differenzbetrages erreicht 8°!). Die Abb. 17 zeigt auch die bei der Diskussion der Hodographenkurven anhand

Tabelle 7. Extremwerte und deren Eintrittszeit im Tagesgang von $|v_h|$ sowie α für unterschiedliche geographische Breiten in $z = 2{,}2$ m und $z = 250$ m

φ °n. B.	$\lvert v_h\rvert_{MAX}$ m/s	Tageszeit	$\lvert v_h\rvert_{MIN}$ m/s	Tageszeit	α_{MAX} °	Tageszeit	α_{MIN} °	Tageszeit
				$z = 2{,}2$ m				
52	5,6	13.30	3,1	20.00	34,7	20.30	12,9	7.00
43	5,6	14.30	2,9	20.00	35,4	21.00	9,0	7.00
35	5,6	16.00	2,7	20.30	37,3	21.30	2,6	7.00
				$z = 250$ m				
52	12,1	23.00	8,4	7.30	15,0	10.30	−7,4	3.30
43	12,1	23.30	7,9	8.00	18,4	11.30	−6.2	4.30
35	12,6	0.30	7,1	9.00	20,7	13.00	−7.8	5.00

der Abbildungen 13 und 14a erwähnte Annäherung an stationäre Verhältnisse in den Nachmittagsstunden wie auch im Verlaufe der Nacht.

In Abb. 18 wird der Einfluß einer Änderung des Coriolisparameters f auf den Tagesgang von v_h, der bei KRISHNA 1968 ausführlich untersucht wird, anhand der Hodographenkurven für die geographische Breite von $\varphi = 35°$ n. B. und $\varphi = 52°$ n. B. gezeigt. Im Vergleich zu den Ergebnissen bei $\varphi = 52°$ n. B. und $\varphi \approx 43°$ n. B. ($f = 10^{-4}\ s^{-1}$) fällt die Zunahme des Schwankungsbereiches von $|v_h|$ und α für $\varphi = 35°$ n. B. auf, die auch aus Tabelle 7 hervorgeht.

Weiterhin ist zu bemerken, daß die Ausweitung des Variationsbereiches von v_h von einer Vergrößerung der Grenzschichthöhe begleitet wird. Die im Modellverhalten klar hervortretende Verschiebung der Eintrittszeiten einiger der betrachteten Extrema aufgrund der Auswirkungen von Trägheitsschwingungen wäre eine Möglichkeit, aus der Gegenüberstellung geeigneter experimenteller Daten vom Tagesgang des Windvektors aus unterschiedlichen geographischen Breiten auf die Herkunft der in der Realität auftretenden Beschleunigungseffekte schließen zu können.

3.5.2. Diskussion der Resultate, die bei der Vorgabe stationärer u_*-Werte im Modell (3.2) erhalten werden

Wie wir bereits im Abschnitt 3.2.1. erwähnten, erhält man im Fall u_*-abhängiger k-Ansätze eine nichtlineare instationäre Grenzschichtgleichung (2.1). Dadurch wirkt in diesen Modellen über den TK eine von den lokalen Beschleunigungen ausgehende Beeinflussung der turbulenten Austauschvorgänge auf die Strömungsverhältnisse zurück. Diese Eigenschaft soll am Beispiel des k-Ansatzes (3.2) von WALMSLEY 1973 eingehender verdeutlicht werden. Aus diesem Grund wurde von uns für jeden zu einem Zeitgitterpunkt gehörenden Wert des Tagesganges von H unter stationären Verhältnissen die Schubspannungsgeschwindigkeit (im weiteren als u_{*s} bezeichnet) ermittelt und anschließend zur Berechnung von TK bei der Lösung von (2.1) verwendet. Bei den im Abschnitt 3.5.1. ausgeführten Untersuchungen zum Tagesgang von v_h ergab sich durch Beschleunigungsvorgänge ein gegenüber der Folge stationärer Werte, die mit der Schwankung von H in Phase liegt, zeitlich verschobener Verlauf von k_{MAX} und Z_M (s. Abb. 15a), b)). Wird nun u_{*s} in der numerischen Auswertung von (2.1) verwendet, durchläuft TK während einer Tagesperiode die Folge stationärer k-Profile. Dennoch treten auch dabei wegen der zeitlichen Änderung von TK lokale Beschleunigungen auf, weshalb sich aus der instationären Lösung für v_h nach (3.6) ein zu u_{*s} und u_* verschiedener Wert u_{*s}' ergeben wird. In analoger Weise können wir drei unterschiedliche Beträge des Windvektors ($|v_h|$, $|v_{hs}|$ und $|v_{hs}'|$) bzw. des Ablenkungswinkels zwischen v_h und dem geostrophischen Wind am Boden (α_0, α_{0s}, α_{0s}') betrachten. Welche Werte die uns interessierenden Abweichungen zwischen den u_*, α_0, $|v_h|$ sowie den entsprechenden gestrichenen Größen annehmen, soll von Abb. 19 und 20 verdeutlicht werden. Aus diesen Abbildungen läßt sich schlußfolgern, daß die hier vorgenommene Beeinflussung des TK durch den turbulenzbedingten Parameter u_* nicht vernachlässigbare Effekte bewirkt und in einzelnen Fällen im Vergleich zu den gestrichenen Größen beachtliche Beträge erreicht (s. Abb. 20: nächtlicher Verlauf von $|v_h|$; Abb. 19: Verlauf von α_0 zwischen 19 und 6 Uhr, Verlauf von u_* in den Vormittagsstunden).

Nichtsdestoweniger sollte bei der Konzeption von k-Ansätzen, die der Modellierung instationärer Vorgänge innerhalb der PGS dienen, eine sinnvolle Abhängigkeit des TK von beschleunigungsbeeinflußten Größen angestrebt werden. Dabei wäre zu prüfen, ob die im Modell (3.2) von u_* erzeugten Nichtlinearitäten eine verbesserte Beschreibung instationärer Vorgänge zulassen oder eine andere Form der Abhängigkeit des TK von Beschleunigungsvorgängen, wie sie z. B. im PRANDTL-Ansatz oder in der KOLMOGOROV-Beziehung für den TK gegeben ist, realitätsnähere Ergebnisse liefert.

Natürlich ist eine mathematische Modellierung der PGS mit Hilfe des vollständigen Satzes der hydro-thermodynamischen Gleichungen wünschenswert, die im besten Falle einen Antrieb aller atmosphärischen Vorgänge auf den periodisch schwankenden Strahlungsstrom der Sonne zurückführen könnte. Dagegen nimmt sich der physikalische Gehalt des von uns verwendeten Modells recht bescheiden aus, in welchem die tagesperiodischen Vorgänge über den vorzugebenden, aber auf direktem Wege z. Z. wohl nur schwer meßbaren (s. SCHALLER 1977) Turbulenzwärmestrom H erzeugt

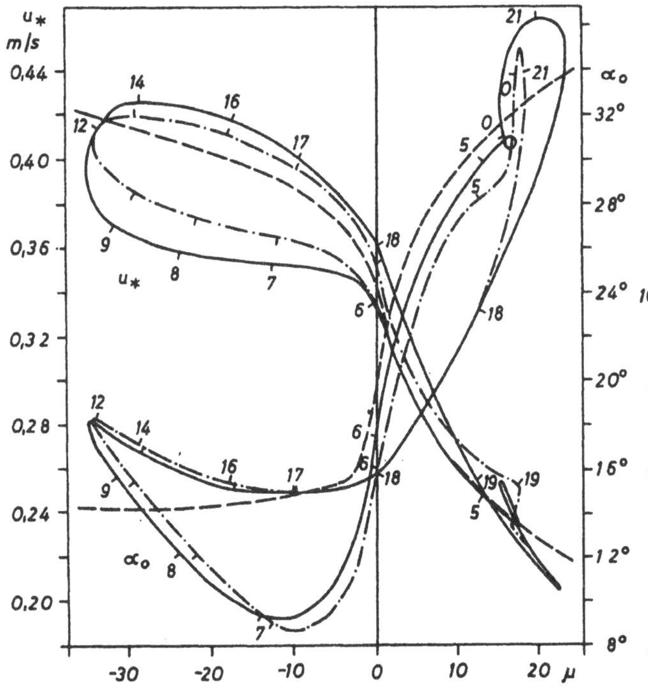

Abb. 19

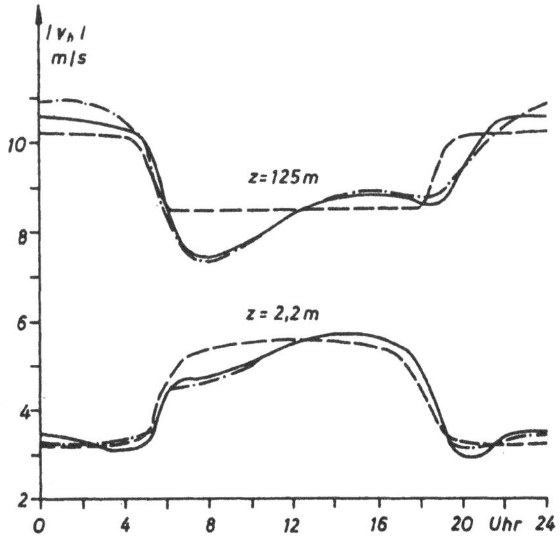

Abb. 20

Abb. 19. Tagesgang von ——— $u_*(\mu)$, $\alpha_0(\mu)$; - - - - - $u_{*S}(\mu)$, $\alpha_{0S}(\mu)$; —·— $u'_{*S}(\mu)$, $\alpha'_{0S}(\mu)$ (vergleiche Abschnitt 3.5.2); Ziffern geben die Tageszeit an; $z_0 = 1$ cm; $|v_G| = 10$ m/s; $f = 10^{-4}\ s^{-1}$

Abb. 20. Tagesgang von ——— $|v_h|$; - - - - - $|v_{hS}|$; —·— $|v'_{hS}|$ (vergleiche Abschnitt 3.5.2); $z_0 = 1$ cm; $|v_G| = 10$ m/s; $f = 10^{-4}\ s^{-1}$

und zudem noch im Grunde stationäre Bedingungen vorausgesetzt werden. Trotzdem erscheint uns die Größe H in solchen einfachen Modellen, wie z. B. (3.2), ein geeigneter stabilitätsabhängiger Parameter für den zur Schließung der zeitabhängigen Bewegungsgleichung (2.1) verwendeten TK zu sein, da sie eine den instationären Vorgängen folgende Reaktion zeigt. Dies läßt sich nach unserer Meinung z. B. am Tagesgang des Turbulenzwärmestromes am Boden H_0 bei Strahlungswetter belegen, welcher in den bei Wippermann 1973, S. 233 und bei Orlenko und Škljarevič 1975 angegebenen mittleren Werten aus Sonnenmonaten während der Abendstunden ein auffälliges Minimum erreicht, bevor er bereits in der Nacht wieder allmählich ansteigt. Die Ursache für diese Erscheinung liegt sicherlich im Zusammenwirken einer entsprechend hohen Abkühlungsrate und der relativ lebhaften turbulenten Durchmischung in Bodennähe während dieser Zeit begründet. Würde die Atmosphäre quasi eine Folge stationärer Zustände durchlaufen, dürfte dieses Verhalten nicht feststellbar sein. Allerdings bleibt für uns an dieser Stelle die Frage offen, ob bei der angewendeten Vorschrift zur Realisierung des k-Ansatzes (3.2) H_0 oder vielleicht ein in größeren Höhen der Bodenschicht bestimmter Wert von H (und der hieraus resultierende Tagesgang) den Modellvoraussetzungen besser angepaßt ist.

3.5.3. Ergebnisse, die mit dem Modell (2.35) von Albert 1981 unter instationären Bedingungen gewonnen wurden

In diesem Abschnitt stellen wir die mit dem von Albert 1981 vorgeschlagenen k-Ansatz (2.35) erzielten Resultate bei tagesperiodischer Variation des im Modell verwendeten Stabilitätsparameters $\left.\frac{1}{\vartheta}\frac{\partial \vartheta}{\partial z}\right|_{z=10\,m} = s_A$ vor.

Die Form der in Abb. 9 dargestellten Tagesschwankung von H_0 wurde der in Abb. 21 gezeigten Variation von s_A zugrunde gelegt. Die zur Berechnung von (2.35) in jedem Zeitgitterpunkt benötigten Modellparameter $\bar{R}(s_A)$, $\bar{V}(s_A)$ und $Z_M(s_A)$ wurden aus einer Splineinterpolation bestimmt, für die wir einige Stützwerte von $\bar{R}$, $\bar{V}$ und Z_M im vorgegebenen Schwankungsbereich von s_A ermittelten. Im Vergleich zu den im Abschnitt 3.5.1. angegebenen Schrittweiten des Differenzenschemas ist die Ortsdiskretisierung in folgender Weise geändert worden:

$$np = 4; \quad \Delta z^* = 0{,}04; \quad N = 170; \quad z_N = 2140\ \text{m}\,,$$

während ansonsten die in 3.5.1. angeführte numerische Behandlung beibehalten wurde.

Wie auch aus dem Verlauf der Folge stationärer Werte von u_* und α_0 in Abb. 23a ersichtlich ist, stößt das vorgegebene Intervall von s_A für die verwendeten lokalen und externen Parameter $z_0 = 1$ cm und $|v_G| = 10$ m/s an die Grenzen des Stabilitätsbereiches, auf die das Modell (2.35) angewendet werden darf. Obwohl der Variationsbereich von u_* und α_0 im stationären Fall gegenüber den in Abb. 23b angegebenen Werten von (3.2) kleiner ist, möchten wir die bemerkenswerte Ähnlichkeit des Kurvenverlaufs zwischen beiden Modellen hervorheben. Diese Einschätzung trifft ebenso auf den in Abb. 23 gezeigten Tagesgang der instationären Werte von u_* und α_0 zu, wobei der unterschiedliche Maßstab in Abb. 23a und b bei der Bewertung der Effekte beachtet werden muß.

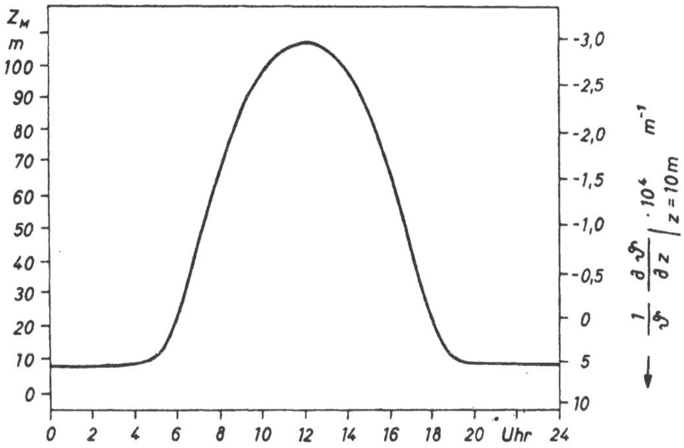

Abb. 21. Vorgegebener Tagesgang der stabilitätsabhängigen Parameter $\left.\frac{1}{\vartheta}\frac{\partial\vartheta}{\partial z}\right|_{z=10\,m}$ im Modell (2.35) und Z_M für (3.9)

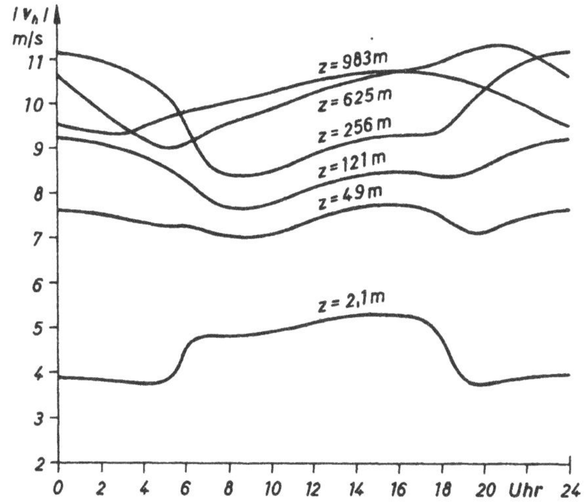

Abb. 22. Tagesgang von $|v_h|$ in verschiedenen Höhen für den k-Ansatz (2.35); $z_0 = 1$ cm; $|v_G| = 10$ m/s; $f = 10^{-4}$ s^{-1}

Unter Berücksichtigung der verschiedenen Schwankungsbreite der betrachteten Größen läßt sich die qualitative Übereinstimmung der Resultate von (2.35) und (3.2) auch bei den tagesperiodischen Änderungen von $\boldsymbol{v}_h$ nachweisen. Dazu betrachten wir den Tagesgang von v_h und $|\boldsymbol{v}_h|$ in verschiedenen Höhen anhand von Abb. 14a und Abb. 22. Auf die in diesen Abbildungen hervortretenden Eigenschaften läßt sich somit unsere im Abschnitt 3.5.1. gegebene Beschreibung der Ergebnisse übertragen. Aufgrund des in wesentlichen Merkmalen übereinstimmenden Modellverhaltens von (3.2) und (2.35) bei Variation des jeweiligen Stabilitätsparameters würde eine geänderte Form des Tagesganges der Größe s_A qualitativ ein ähnliches Verhalten von $\boldsymbol{v}_h$ hervorbringen wie die entsprechende Änderung der täglichen Schwankung des Turbulenzwärmestromes H bei Anwendung von (3.2).

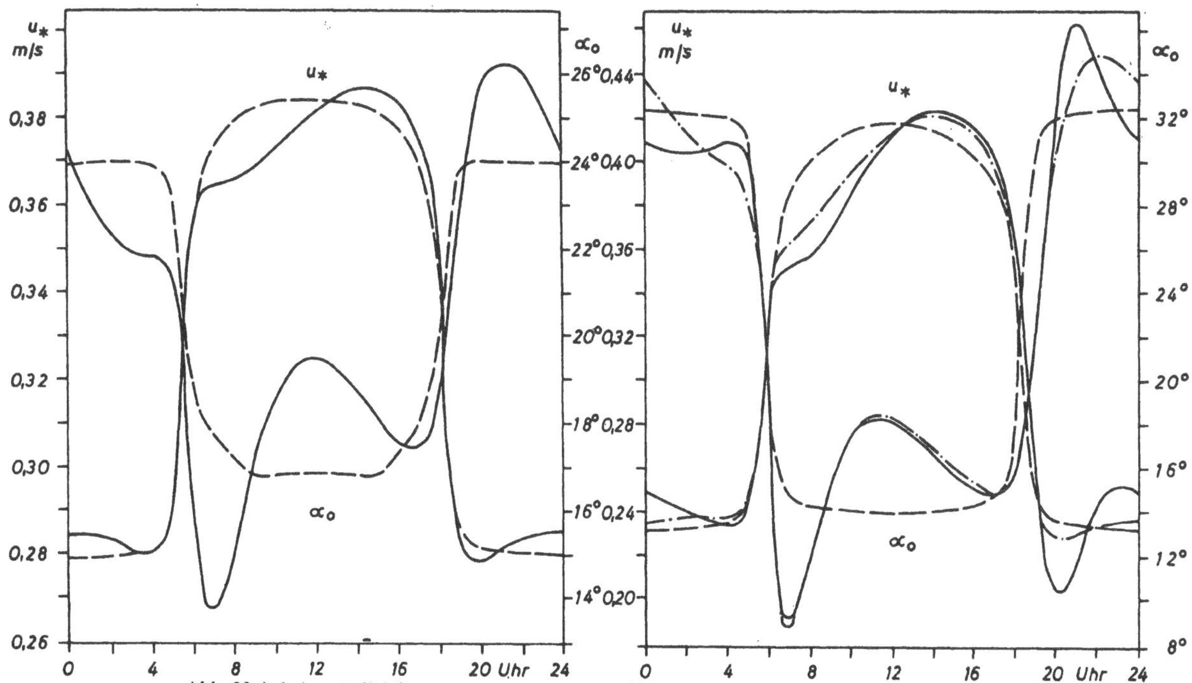

Abb. 23a) k-Ansatz (2.35)
Abb. 23b) k-Ansatz (3.2); — · — u'_{*s}, α'_{0s} (vergleiche Abschnitt 3.5.2)

Abb. 23a, b) Tagesgänge von u_* und α_0 für die k-Ansätze (2.35) (a) und (3.2) (b); $z_0 = 1$ cm; $|v_G| = 10$ m/s; $f = 10^{-4}$ s^{-1}; ——— u_*, α_0; - - - - - Folge stationärer u_* und α_0

3.5.4. Ergebnisse, die mit dem Zweischichtenmodell (3.9) erhalten wurden

Die Anwendung des im Abschnitt 3.3. untersuchten Zweischichtenmodells (3.9) zum Studium des Tagesganges von v_h dient als weitere Vergleichsmöglichkeit zu den bisher vorgestellten Resultaten. Zur numerischen Realisierung des Differenzenverfahrens wurden die im Abschnitt 3.5.1. angegebenen Zeit- und Ortsschrittweiten übernommen.

Variiert man die Höhe Z_M nach dem in Abb. 21 gezeigten Tagesgang, stellt sich bei der Auswertung der Folge stationärer Werte von u_* und α_0 ein durch die diskreten Abstände der Ortsgitterpunkte bewirkter numerischer Effekt heraus. Entgegen dem in Abb. 8 gezeigten Verhalten ruft eine Zunahme von Z_M zwischen zwei benachbarten Ortsgitterpunkten eine Abnahme von u_* bzw. eine Vergrößerung des Wertes von α_0 im stationären Fall hervor. Dennoch möchten wir die Ergebnisse zu den Tagesgängen unter instationären Verhältnissen von v_h (s. Abb. 14c) und $|v_h|$ (s. Abb. 25) sowie von u_* und α_0 (s. Abb. 24) angeben, da sie unter Beachtung der erwähnten Mängel für unsere Zwecke brauchbar erscheinen.

Im Unterschied zu den Ergebnissen, die mit Hilfe von (2.35) und (3.2) erzielt wurden (vergleiche Abb. 23) fällt beim Betrachten der Abb. 24 auf, daß das Extremum von α_0 gegen 8 Uhr bei instationären Bedingungen kaum über den stationären Wert hinausgeht. Dieses abweichende Verhalten von α am Tage, das auch anhand der Hodographenkurven des Windvektors v_h in der Abb. 14c bei $z = 125$ m sichtbar ist, wird verständlich, wenn wir die Vertikalprofile 3 und 4 von α in Abb. 7 im Vergleich zu den Profilen 2 und 3 für den k-Ansatz (3.2) in Abb. 5 betrachten. An diesem Beispiel wird wiederum deutlich (s. Abschnitt 3.1.), daß die Eigenschaften der stationären Windprofile bei Variation der Stabilität auch bestimmte Charakteristika des Windganges im instationären Verhalten prägen. Damit läßt sich aber auch die relativ gute Übereinstimmung des Verlaufs der in Abb. 25 gezeigten Tagesschwankung von $|v_h|$ gegenüber den in Abb. 10 und Abb. 22 dargestellten Resultaten begründen, die unter Anwendung von (3.2) und (2.35) erhalten wurden.

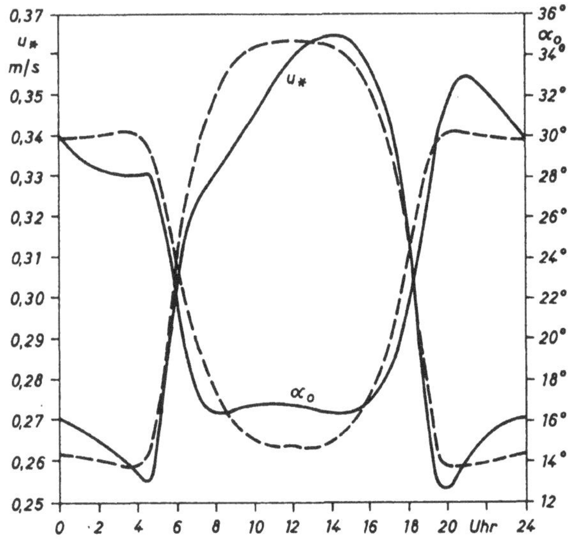

Abb. 24. Tagesgang von u_* und α_0; (k-Ansatz (3.9)); $z_0 = 1$ cm; $|v_G| = 10$ m/s; $f = 10^{-4}$ s^{-1}
——— u_*, α_0; - - - - - Folge stationärer u_* und α_0

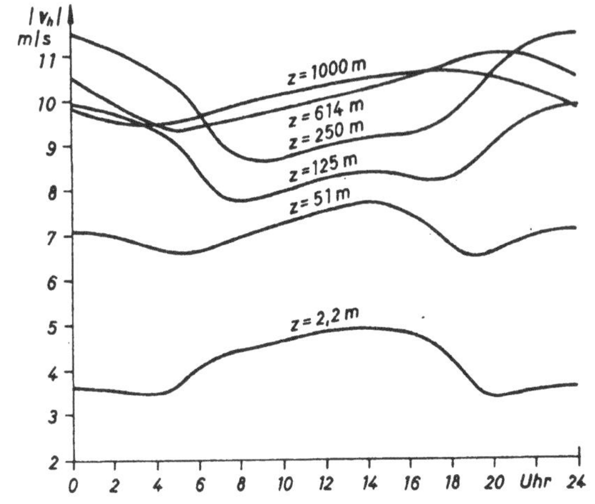

Abb. 25. Tagesgang von $|v_h|$ in unterschiedlichen Höhen für den k-Ansatz (3.9); $z_0 = 1$ cm; $|v_G| = 10$ m/s; $f = 10^{-4}$ s^{-1}

3.5.5. Zusammenfassung der Modellergebnisse

Unter Verwendung der k-Ansätze (3.2), (2.35) und (3.9) wurde bei tagesperiodischer Variation der stabilitätsabhängigen Modellparameter der Tagesgang des Windvektors v_h, die tägliche Schwankung der internen Parameter u_* und α_0 sowie das zeitliche Verhalten des TK untersucht. Die dabei erhaltene tagesperiodische Änderung von $|v_h|$ stimmt qualitativ mit Beobachtungen überein. Das mittägliche Maximum von $|v_h|$ in Bodennähe verzögert sich in Abhängigkeit von f unter instationären Bedingungen gegenüber der Folge stationärer Werte. In größeren Höhen wird das abendliche Minimum von $|v_h|$ in der bodennahen Schicht von einem durch lokale Beschleunigungen erzeugten Minimum in den Morgenstunden abgelöst. Während v_h nachmittags den stationären Windprofilen nahekommt, verzeichnen wir in den Übergangszeiten sowie nachts deutliche Einflüsse von Beschleunigungsvorgängen auf das Vertikalprofil von v_h. Die in den Nachtstunden auftretenden Abweichungen von stationären Verhältnissen (Zunahme des übergeostrophischen Maximums von $|v_h|$ sowie der Grenzschichthöhe) sind auf mit zunehmender Höhe schwächer gedämpfte Trägheitsschwingungen zurückzuführen. Der mit Hilfe des Modells (3.2) untersuchte Zusammenhang zwischen den internen Parametern u_* bzw. α_0 und dem Stabilitätsparameter μ weist deutliche Auswirkungen von Instationaritätseffekten auf. Aufgrund der Abhängigkeit des TK vom beschleunigungsbeeinflußten u_* konnte am Beispiel des k-Ansatzes (3.2) der Einfluß von Beschleunigungen auf das zeitliche Verhalten der k-Profile untersucht werden.

3.5.6. Über experimentelle Befunde zum Tagesgang des Windvektors

An dieser Stelle möchten wir keinen vollständigen Überblick von Beobachtungsdaten zum Studium instationärer Vorgänge in der PGS vermitteln, sondern anhand einiger weniger Beispiele auf Probleme aufmerksam machen, die mit der Überprüfung theoretischer Ergebnisse an experimentellen Werten verbunden sind. Um den Voraussetzungen, die zur Herleitung der verwendeten Modellgleichungen führten, in der Realität möglichst nahe zu kommen (u. a. durch ebenes Gelände, stationäre Hochdruckwetterlagen), erfordert die Auswahl experimenteller Ergebnisse eine sorgfältige Analyse der Versuchsbedingungen, um eine Brauchbarkeit der Meßdaten zur Verifikation der Modellergebnisse erwarten zu können.

Die im weiteren erwähnten experimentellen Daten von ORLENKO und ŠKLJAREVIČ 1975 und BUAJITTI und BLACKADAR 1957 wurden unter ausgewählten synoptischen Bedingungen durch Mittelung einer größeren Anzahl von Meßwerten für einen bestimmten Beobachtungstermin erhalten. Dieses Vorgehen erscheint uns in der Hinsicht zweckmäßig, als die gewünschten Effekte im Einzelfall mehr oder weniger (zum Beispiel durch advektive Vorgänge) verdeckt werden. Außerdem muß man bei der Nachbildung eines speziellen Tagesganges im Modell neben der AB sämtliche in (2.1) vorzugebende Funktionen mit hinreichender Genauigkeit bestimmen.

Die von uns in Abb. 13 und 14 dargestellten Hodographen von $\mathfrak{v}_h$ weisen u. a. im Verhalten des Ablenkungswinkels zum Teil deutliche Abweichungen zu den bei ORLENKO und ŠKLJAREVIČ 1975 bzw. von BUAJITTI und BLACKADAR 1957 angegebenen Beobachtungswerten auf. Allerdings erscheint es uns bei Berücksichtigung unserer Modellergebnisse nicht sinnvoll, mit Hilfe weniger Meßpunkte für eine Tagesperiode (wie bei BUAJITTI und BLACKADAR 1957) den Verlauf der Hodographenkurve von $\mathfrak{v}_h$ angeben zu wollen. Um weitergehende Schlüsse aus diesem Vergleich mit experimentellen Daten ziehen zu können, wären insbesondere zu den Werten von BUAJITTI und BLACKADAR 1957 nähere Angaben über die Versuchsbedingungen nötig. Hinweise für einen beachtlichen Einfluß von Instationaritätseffekten zeigen sich in den bei ORLENKO und ŠKLJAREVIČ 1975 mitgeteilten experimentellen Ergebnissen für u_* (μ) und α_0 (μ).

Ein bemerkenswertes Beispiel für die Auswirkungen tagesperiodischer Änderungen der turbulenten Austauschvorgänge stellt die in Abb. 36 von HELLMANN 1917, S. 276 übernommene tägliche Schwankung des Betrages der Windgeschwindigkeit für die „warme Jahreshälfte" dar. Vor allem der in Abb. 36 gezeigte Tagesgang von $|\mathfrak{v}_h|$ in $z = 123$ m und $z = 258$ m ist nach unserer Meinung ein Beleg dafür, daß die zum Teil unter wesentlichen Einschränkungen der realen Verhältnisse erzielten Modellergebnisse bestimmte, von lokalen Beschleunigungen beeinflußte Eigenschaften der PGS qualitativ richtig wiedergeben. Dabei muß beachtet werden, daß die in Abb. 36 aufgeführten mittleren Werte von $|\mathfrak{v}_h|$ ohne spezielle Auswahl der meteorologischen Bedingungen in dem von HELLMANN 1917 zugrunde gelegten Beobachtungszeitraum erhalten wurden.

4. Beschreibung instationärer Vorgänge in der PGS aufgrund zeitlicher Änderungen des geostrophischen Windes

In diesem Abschnitt werden wir uns anhand einiger ausgewählter Beispiele mit den Auswirkungen einer Änderung des geostrophischen Windes auf die Strömung in der PGS befassen. Dazu nutzen wir das in Abschnitt 2.1. beschriebene Verfahren zur Lösung der instationären Grenzschichtgleichung (2.1), die mit Hilfe des k-Ansatzes (3.2) geschlossen wurde. Dabei wenden wir folgende Orts- und Zeitdiskretisierung an:

$$\Delta t = 0{,}25\,\text{h};\; np = 3;\; \Delta z^* = 0{,}1;\; N = 160;$$
$$z_N = 4096\,\text{m};$$
$$(np, \Delta z^*, N \text{ s. } (2.9)).$$

Die x-Achse unseres Koordinatensystems liegt zu allen Zeiten in Richtung von $\mathfrak{v}_G$ bei $t = 0$. Da an der oberen Grenze $\bar{H}$ des z-Intervalls der TK verschwindend kleine Werte annimmt, ist der Einfluß der gestellten RB (2.3.2) und (2.3.3) auf die betrachtete Strömung für $z < \bar{H}$ unbedeutend.

Wir setzen bei den Rechnungen mit zeitlich veränderlichem Druckfeld stets eine neutrale Schichtung ($H = 0$) voraus. Die vorzugebenden Parameter in (3.2) bleiben zeitlich konstant und werden wie im Abschnitt 3.5. mit $\beta = 8$ und $z_0 = 1$ cm festgelegt. Im Ausgangszustand hat sich eine den äußeren Bedingungen zum Zeitpunkt $t = 0$ angepaßte stationäre Luftströmung eingestellt.

In den vorgelegten Studien gehen wir nicht über die beiden folgenden idealisierten Typen von Änderungen des geostrophischen Windes hinaus, wobei zu allen Zeiten in der numerisch erfaßten Modellatmosphäre Barotropie vorausgesetzt wird.

Typ I: stetige zeitliche Änderung des Betrages von $\mathfrak{v}_G$ bei konstanter Richtung

$$\mathfrak{v}_G(t) = (u_G(t), 0)\,,$$
$$u_G(t) = u_G(0) + D_1 F(t)\,; \quad 0 \leqq t \leqq 12\,\text{h}\,, \tag{4.1.1}$$
$$u_G(t) = u_G(0) + D_1 F(12\,\text{h}); \quad 12\,\text{h} \leqq t\,, \tag{4.1.2}$$
$$F(t) = [1 + \sin(\omega t - \pi/2)]/(2\pi)\,, \tag{4.2}$$
$$\left(\omega = 2\pi/24\,\text{h};\; \text{Max}\left(\frac{\partial|\mathfrak{v}_G|}{\partial t}\right) = D_1/24\,\text{h}\right).$$

Typ II: stetige zeitliche Änderung der Richtung von $\mathfrak{v}_G$ bei konstantem Betrag

$$\mathfrak{v}_G(t) = (u_G(t), v_G(t))\,,$$
$$\alpha_G(t) = D_2 F(t)\,; \quad 0 \leqq t \leqq 12\,\text{h}\,, \tag{4.3.1}$$
$$\alpha_G(t) = D_2 F(12\,\text{h}); \quad 12\,\text{h} \leqq t \tag{4.3.2}$$

(α_G Ablenkungswinkel des geostrophischen Windes von der x-Achse, Max $(\partial\alpha_G/\partial t) = D_2/24$ h).

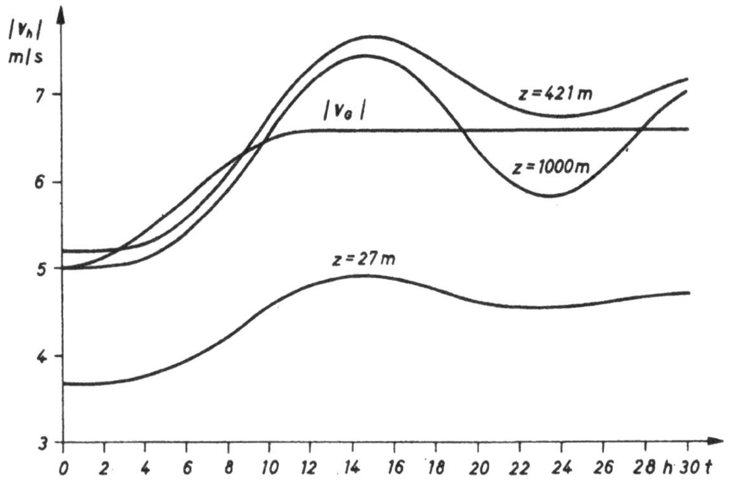

Abb. 26. Änderung von $|\mathfrak{v}_h|$ in verschiedenen Höhen bei der angegebenen zeitlichen Zunahme von $|\mathfrak{v}_G|$; $z_0 = 1$ cm; $f = 10^{-4}$ s^{-1}

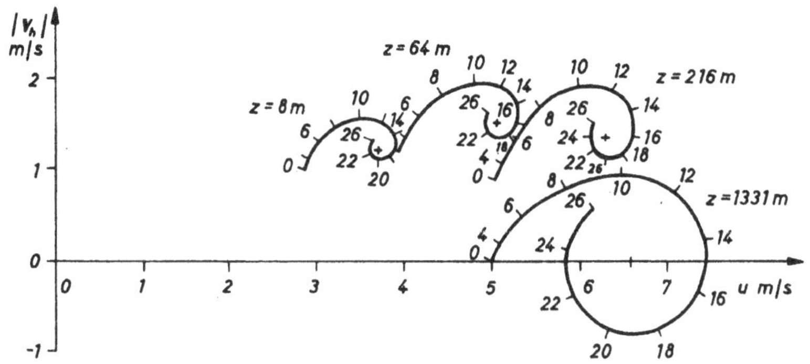

Abb. 27. Hodographenkurven von $\mathfrak{v}_h$ in verschiedenen Höhen bei zeitlicher Zunahme von $|\mathfrak{v}_G|$ (s. Abb. 26); $\mathfrak{v}_G = (u_G(t), 0)$; $u_{G/t=0} = 5$ m/s; $u_{G/t \geqq 12h} = 6{,}6$ m/s; Ziffern geben die Zeit in Stunden nach stationärem Ausgangszustand an; $z_0 = 1$ cm; $f = 10^{-4}$ s^{-1}; + stationäre Lösung für $\mathfrak{v}_h(z_1)_{t \geqq 12h}$

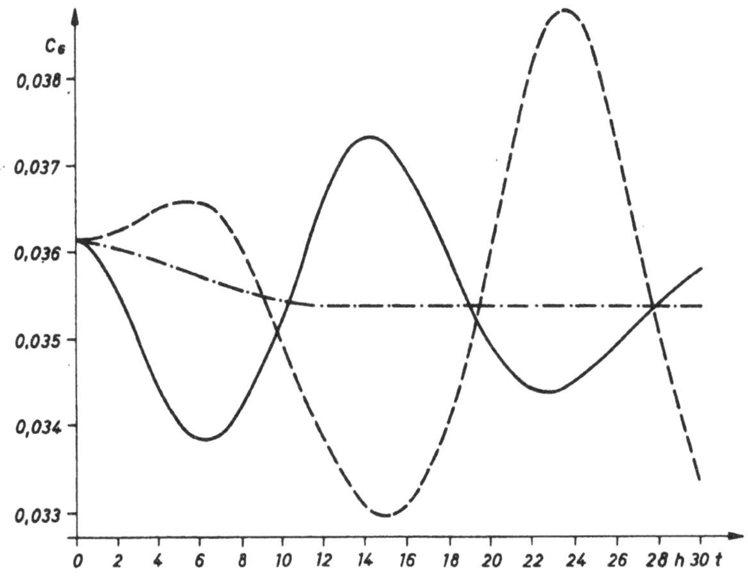

Abb. 28. $C_G(t)$ und $C'_H(t) = u_*/|\mathfrak{v}_h|_{z=1000\,m}$ bei zeitlicher Zunahme von $|\mathfrak{v}_G|$ (s. Abb. 26); $z_0 = 1$ cm; $f = 10^{-4}$ s^{-1}; ——— C_G; - - - - - C'_H; — · — Folge stationärer C_G

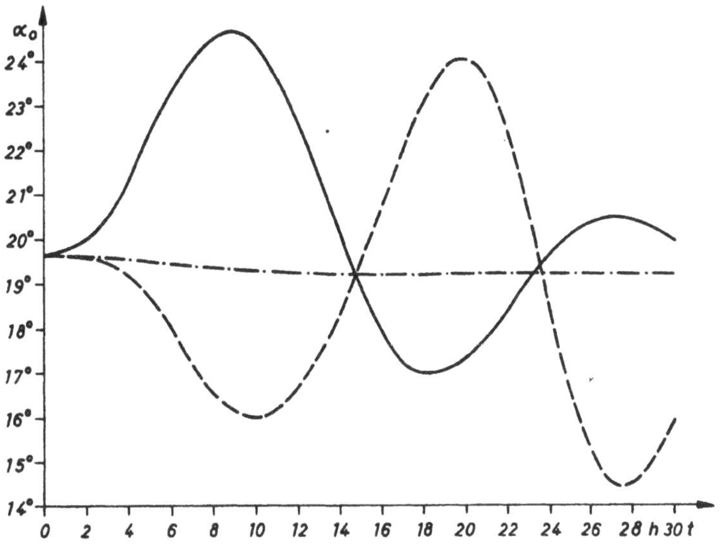

Abb. 29. $\alpha_0(t)$ und $\alpha_0'(t) = |\measuredangle(v_{h|z=1000\,m}, v_{h|z=z_0})|$ bei zeitlicher Zunahme von $|v_G|$ (s. Abb. 26); $z_0 = 1$ cm; $f = 10^{-4}\,s^{-1}$; ——— α_0; – – – – – α_0'; — · — Folge stationärer α_0

Diese Aufgabenstellung weicht von den Untersuchungen bei CHING und BUSINGER 1968 zum Einfluß der Drehung von v_G auf die Form der Windspiralen und der bei LYKOSOV 1972 vorgenommenen Änderung des Betrages von v_G ab, da wir die Vorgänge bei stetiger Änderung der Beschleunigung einer PGS-Strömung sowie die Annäherung an einen stationären Zustand nach abgeschlossener Variation des Druckgradienten betrachten.

In Abb. 26 bis 30 können die Auswirkungen bei Änderung von v_G nach Typ I verfolgt werden, wobei $D_1 = 5$ m/s zugrunde gelegt wurde. Bei konstantem $|v_G|$ ($t \geqq 12$ h) fällt die in Abb. 26 und 27 gezeigte, unter dem Einfluß der PGS zum Boden hin abnehmende Amplitude der Trägheitsschwingung von v_h auf, die zu den in Abb. 30 dargestellten Profilformen von $|v_h|$ führt.

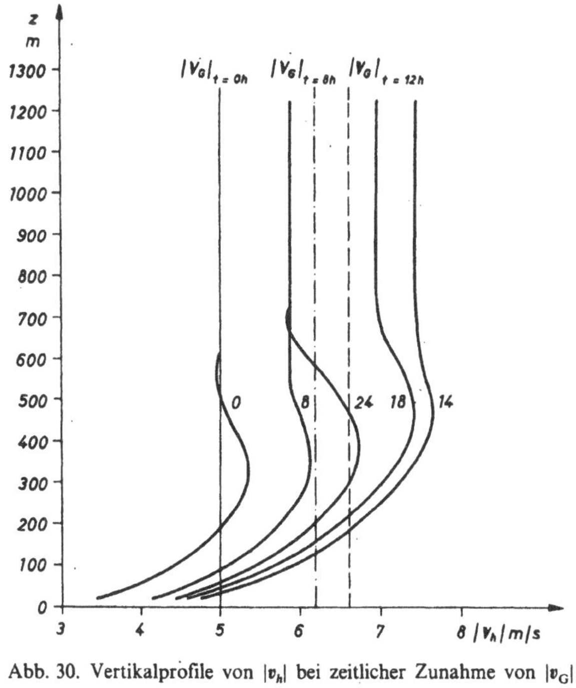

Abb. 30. Vertikalprofile von $|v_h|$ bei zeitlicher Zunahme von $|v_G|$ (s. Abb. 26); Ziffern geben die Zeit in Stunden nach stationärem Ausgangszustand an; $z_0 = 1$ cm; $f = 10^{-4}\,s^{-1}$

In Abb. 28 und 29 wird das zeitliche Verhalten von C_G und α_{0s}) gegenübergestellt. Sofern die Komponenten des horizontalen Druckgradienten unbekannt sind und v_h in einer Höhe H' oberhalb der PGS als geostrophischer Wind festgelegt wird, erhält man für die internen Parameter die folgenden Werte

$$C_{H'} = u_* / |v_h|_{z=H'}\,, \tag{4.4}$$

$$\alpha_0' = |\measuredangle(v_h|_{z=H'}, v_h|_{z=z_0})|\,. \tag{4.5}$$

Dabei ergeben sich im Vergleich zu C_G, α_0, C_{Gs} und α_{0s} beachtliche Effekte, die in Abb. 28 und 29 wiedergegeben werden.

Ähnliche Betrachtungen lassen sich für das in den Abb. 31 bis 35 gezeigte Verhalten des Windvektors bei Änderungen von v_G nach Typ II mit $D_2 = -45°$ anstellen. Um den Einfluß der untersuchten Änderungen von v_G auf die Grenzschichtphänomene besser abschätzen zu können, betrachten wir die in den Tabellen 8 und 9 für unterschiedliche Werte von D_1 bzw. D_2 aufgeführten Größen für 12 h $\leqq t \leqq$ 36 h:

$$A = \mathrm{Max}\,(|v_h|_{z=H'})/|v_G|_{t\geqq 12\,h}\,, \tag{4.6.1}$$

$$B = \mathrm{Min}\,(|v_h|_{z=H'})/|v_G|_{t\geqq 12\,h}\,, \tag{4.6.2}$$

$$C = \mathrm{Max}\,(|v_h|_{MAX} - |v_h|_{z=H'})/|v_G|_{t\geqq 12h}\,, \tag{4.6.3}$$

$$D = \mathrm{Max}\,(|C_{H'} - C_{Gs}|)\,, \tag{4.6.4}$$

$$E = \mathrm{Max}\,(|C_G - C_{Gs}|)\,, \tag{4.6.5}$$

$$F = \mathrm{Max}\,(|\alpha_0' - \alpha_{0s}|)\,, \tag{4.6.6}$$

$$G = \mathrm{Max}\,(|\alpha_0 - \alpha_{0s}|) \tag{4.6.7}$$

($C_{H'}$, α_0' s. (4.4) und (4.5)).

Die in diesem Abschnitt behandelten Änderungen des geostrophischen Windes rufen z. T. beachtliche Nachwirkungen in den Vertikalprofilen von v_h sowie im Verhalten der von uns betrachteten internen Grenzschicht-

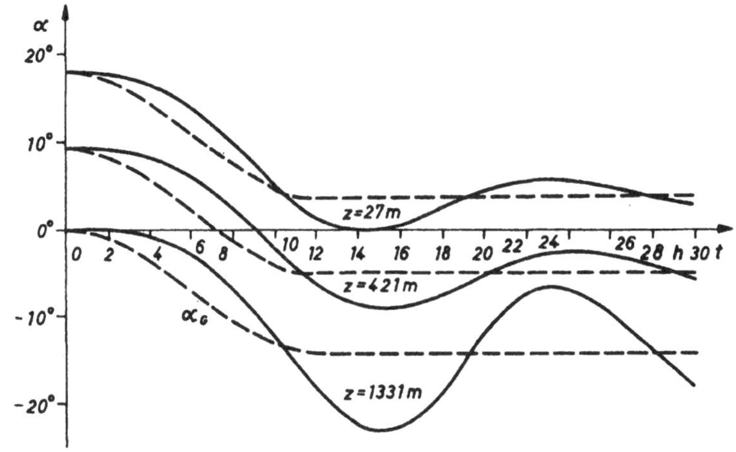

Abb. 31. $\alpha(t)$ in verschiedenen Höhen bei Drehung von $\mathfrak{v}_G$ um α_G; $|\mathfrak{v}_G| = 10$ m/s; $z_0 = 1$ cm; $f = 10^{-4}\ \mathrm{s}^{-1}$; ——— α; - - - - - Folge stationärer α

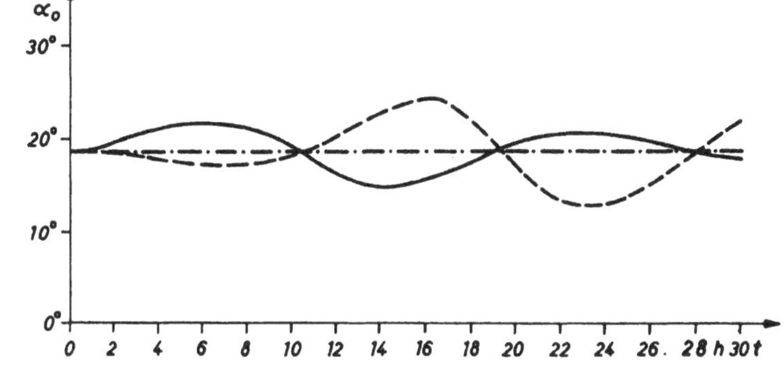

Abb. 32. $\alpha_0(t)$ und $\alpha_0'(t) = |\measuredangle(\mathfrak{v}_{h|z=1331\,\mathrm{m}}, \mathfrak{v}_{h|z=z_0})|$ bei Drehung von $\mathfrak{v}_G$ (s. Abb. 31); $|\mathfrak{v}_G| = 10$ m/s; $z_0 = 1$ cm; $f = 10^{-4}\ \mathrm{s}^{-1}$; ——— α_0; - - - - - α_0'; — · — · — Folge stationärer α_0

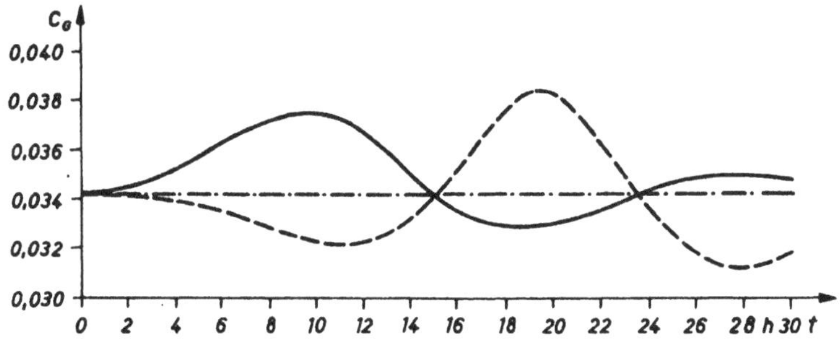

Abb. 33. $C_G(t)$ und $C_H'(t) = u_*/\mathfrak{v}_G|_{z=1331\,\mathrm{m}}$ bei Drehung von $\mathfrak{v}_G$ (s. Abb. 31); $\mathfrak{v}_G| = 10$ m/s; $z_0 = 1$ cm; $f = 10$ s; ——— C_G; - - - - - C_H'; —·— Folge stationärer C_G

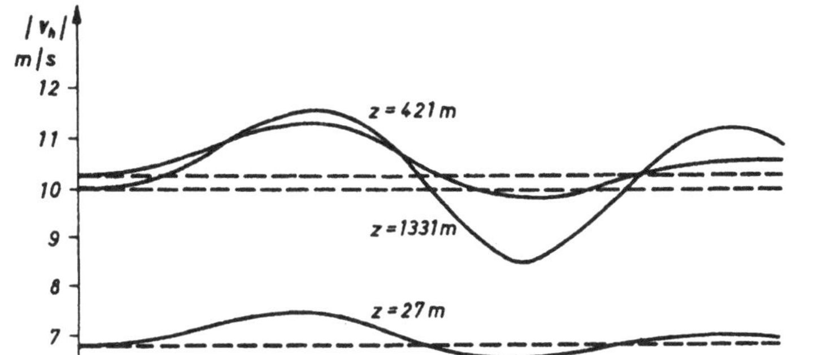

Abb. 34. $\mathfrak{v}_h(t)$ in verschiedenen Höhen bei Drehung von $\mathfrak{v}_G$ (s. Abb. 31); $|\mathfrak{v}_G| = 10$ m/s; $z_0 = 1$ cm; $f = 10^{-4}\ \mathrm{s}^{-1}$; ——— $|\mathfrak{v}_h|$; - - - - - Folge stationärer $|\mathfrak{v}_h|$

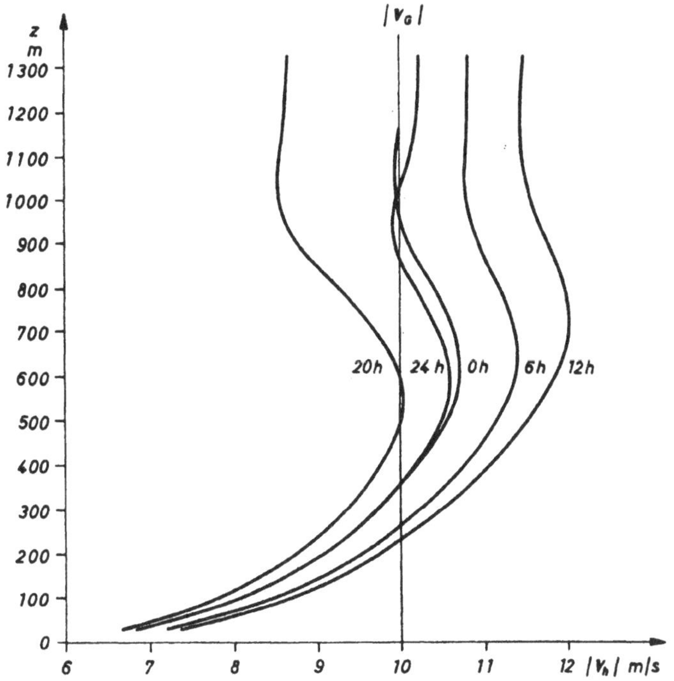

Abb. 35. Vertikalprofile von $|v_h|$ zu verschiedenen Zeiten bei Drehung von v_G (s. Abb. 31); $|v_G| = 10$ m/s; $z_0 = 1$ cm; $f = 10^{-4}\,s^{-1}$

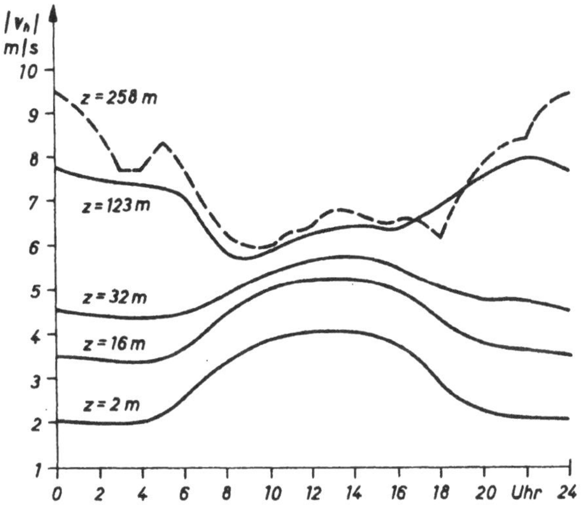

Abb. 36. Aus Messungen bestimmter Tagesgang des Betrages der Windgeschwindigkeit in verschiedenen Höhen für die „warme Jahreshälfte" (nach HELLMANN 1917, S. 276)

parameter hervor, die durch die relativ schwach gedämpften Trägheitsschwingungen oberhalb der PGS begründet sind. In welchen Grenzen diese Modellcharakteristik die Vorgänge in der realen Atmosphäre wiedergibt, muß mit Hilfe spezieller Beobachtungen geprüft werden, aus denen u. a. auch das Verhalten des geostrophischen Windes mit hinreichender Genauigkeit hervorgehen muß.

Tabelle 8. A bis G (s. (4.6)) für unterschiedliche D_1 bei Änderungen von v_G nach Typ I; 12 h $\leqq t \leqq$ 36 h; $|v_G|_{t=0} = 5$ m/s;

D_1 m/s	A	B	C	$D \cdot 10^3$	$E \cdot 10^3$	F °	G °	$\lvert v_G\rvert_{t\geqq 12h}$ m/s
2,5	1,07	0,94	0,11	1,8	1,0	2,7	1,9	5,8
5	1,13	0,89	0,14	3,4	2,0	4,8	3,4	6,6
10	1,21	0,82	0,18	5,8	3,2	7,9	5,4	8,2

Tabelle 9. A bis G (s. (4.6)) für unterschiedliche D_2 bei Änderungen von v_G nach Typ II;
12 h $\leqq t \leqq$ 36 h; $|v_G| = 10$ m/s;

D_2 °	A	B	C	$D \cdot 10^3$	$E \cdot 10^3$	F °	G °
—45	1,12	0,86	0,14	4,0	1,5	5,9	3,9
—90	1,26	0,70	0,24	11,0	3,0	13,5	7,9
90	1,23	0,80	0,20	6,8	2,8	9,0	6,8

5. Zusammenfassung

Es wird das Verhalten des mittleren horizontalen Windvektors bei tagesperiodischer Änderung der Stabilität sowie bei zeitlicher Änderung des geostrophischen Windes untersucht. Zur mathematischen Beschreibung wird unter der Annahme einer horizontal homogenen Planetarischen Grenzschicht eine von lokalen Beschleunigungen abhängige instationäre Bewegungsgleichung verwendet, die mit Hilfe aus der Literatur bekannter

Ansätze für den Turbulenzkoeffizienten (*k*) geschlossen wird. Wegen der Abhängigkeit der betrachteten *k*-Modelle von der Schubspannungsgeschwindigkeit ergibt sich eine nichtlineare Grenzschichtgleichung, die numerisch gelöst wird. Anhand eines für Strahlungswetter charakteristischen Tagesganges des in den *k*-Modellen enthaltenen Stabilitätsparameters wird der Einfluß lokaler Beschleunigungen auf die PGS-Strömung im Vergleich zu stationären Bedingungen studiert. Dabei zeigen sowohl die tägliche Schwankung des Windvektors als auch die der internen Grenzschichtparameter bei starker zeitlicher Änderung der Stabilität gegenüber einer Aufeinanderfolge stationärer Zustände deutliche Auswirkungen von Instationaritätseffekten. Die Ergebnisse stimmen qualitativ gut mit dem von Hellmann (1917) mitgeteilten mittleren Tagesgang des Betrages der Windgeschwindigkeit überein. Unter Voraussetzung von Barotropie sowie neutraler Schichtung wird das Verhalten des Windvektors bei zeitlicher Änderung des Betrages bzw. der Richtung des geostrophischen Windes dargestellt.

Summary

The author has investigated the behaviour of the average horizontal wind vector with diurnal variations of the stability and with time-related variations of the geostrophic wind. For the mathematical description an equation of instationary motion is used, which is modified by local accelerations, based on the assumption of a horizontally homogeneous boundary layer. This equation of motion contains approaches for a turbulence coefficient (*k*) known from literature. Owing to the dependence of the *k*-models on the friction velocity a non-linear boundary-layer equation is obtained which will be solved numerically. For the stability parameters contained in the *k*-models a diurnal variation, typical of radiation weather situations, was assumed, and the influence of the local accelerations upon the air flow in the planetary boundary layer was studied. The results have been compared with those we would obtain under stationary conditions. Associated with large time-related variations of the stability, distinct instationarity effects have been revealed with the diurnal variation of the wind vector and with the internal boundary layer parameters. The results qualitatively rather well agree with the average diurnal variation of the amount of the wind velocity as submitted by Hellmann (1917). Assuming barotropic conditions and neutral stratification, the behaviour of the wind vector is described taking into account time-related variations of the amount and of the direction of the geostrophic wind.

Резюме

Исследуется поведение среднего горизонтального вектора ветра при периодическом суточном изменении устойчивости, а также при изменении геострофического ветра во времени. При предположении горизонтально однородного планетарного пограничного слоя для математического описания используется зависимое от локальных ускорений уравнение нестационарного движения, замыкающееся с помощью известных из литературы подходов для коэффициента турбулентности (*к*). Из-за зависимости рассмотренных моделей (*к*) от динамической скорости получается нелинейное уравнение пограничного слоя, решающееся численно. По суточному ходу содержащегося в моделях (*к*) параметра устойчивости, характерному для радиационного типа погоды, изучается влияние локальных ускорений на поток планетарного пограничного слоя по сравнению со стационарными условиями. При этом в случае сильного изменения устойчивости во времени суточное колебание и вектора ветра и внутренных параметров пограничного слоя обнаруживают отчетливые эффекты воздействий нестационарности по сравнению с последовательностью стационарных состояний. Результаты качественно хорошо совпадают со сообщенным Гельманном (в 1917 году) средним суточным ходом величины скорости ветра. При предположении баротропности, а также безразличной стратификации представляется поведение вектора ветра при изменении величины и направления геострофического ветра во времени.

6. Literaturverzeichnis

Albert, H.-F.: Über ad hoc-Ansätze für den Turbulenzkoeffizienten zur Berechnung des Windprofils in der Planetarischen Grenzschicht. Diss. (A), HU Berlin 1981, 125 S., unveröff.

Arya, S. P. S.: Geostrophic drag and heat transfer relations for the atmospheric boundary layer. Quart. J. Roy. Meteor. Soc., **101** (1975), S. 147—161.

Blackadar, A. K.: Boundary layer wind maxima and their significance for the growth of nocturnal inversions. Bull. Amer. Meteor. Soc., **38** (1957), S. 283—290.

Buajitti, K., A. K. Blackadar: Theoretical studies of diurnal wind structure variations in the planetary boundary layer. Quart. J. Roy. Meteor. Soc., **83** (1957), S. 486—500.

BUSINGER, J. A., J. C. WYNGAARD, Y. IZUMI, E. F. BRADLEY: Flux-profile relationships in the atmospheric surface layer. J. Atmos. Sci., **28** (1971) S. 181—189.

CHING, J. K. S., J. A. BUSINGER: The response of the planetary boundary layer to time varying pressure gradient force. J. Atmos. Sci., **25** (1968) S. 1021—1025.

DITTRICH, M.: Vertikalprofile von Wind und Turbulenzkoeffizient nach Messungen und Berechnungen. Dipl.-Arbeit, HU Berlin 1983, 55 S., unveröff.

HELLMANN, G.: Über die Bewegung der Luft in den untersten Schichten der Atmosphäre. Meteor. Zeitschr., **32** (1915) S. 1—16.

HELLMANN, G.: Über die Bewegung der Luft in den untersten Schichten der Atmosphäre. Meteor. Zeitschr., 37 (1917) S. 273 bis 285.

ISWEKOW, B. I.: Zur Frage des täglichen Windganges. Meteor. Zeitschr., **46** (1929) S. 1—7.

KAMKE, E.: Differentialgleichungen — Lösungsmethoden und Lösungen, Bd. 1: Gewöhnliche Differentialgleichungen, 8. Aufl., Akad. Verlagsges. Geest & Portig, Leipzig 1967, 668 S.

KÖPPEN, W.: Über die tägliche Änderung des Windes über dem Lande und dem Meere. Ann. Hydrogr. Marit. Meteor., **11** (1983) S. 625—643.

KRISHNA, K.: A numerical study of the diurnal variation of meteorological parameters in the planetary boundary layer: I. Diurnal variations of winds. Mon. Wea. Rev., **96** (1968) S. 269—276.

LAJCHTMAN, D. L.: Fizika pograničnogo sloja atmosfery. 2. Aufl., Gidrometeoizdat, Leningrad 1970, 341 S.

LEYKAUF, H.: Experimentelle Bestimmung universeller Profile und deren Abhängigkeit von Parametern der atmosphärischen Grenzschicht. Techn. Hochsch. Darmstadt, D 17 (1974) 246 S.

LORENZ, E. N.: Deterministic nonperiodic flow. J. Atmos. Sci., **20** (1963) S. 130—141.

LYKOSOV, V. N.: Nestacionarnaja zadača o planetarnom pograničnom sloe atmosfery zemli. Izv. AN SSSR, ser. fizika atmos. i okeana, **8** (1972) S. 142—155.

MATVEEV, L. T.: Teorija sutočnogo choda skorosti vetra v pograničnom sloe atmosfery. Trudy VNMS, **7** (1963) S. 37—45.

MCBEAN, G. A. et al.: The planetary boundary layer. WMO Technical Note No. 165, WMO-No. 530, Geneva 1979, 201 S.

ORLENKO, L. R., O. B. ŠKLJAREVIČ: Osobennosti stroenija nestacionarnogo gorizontal'no odnorodnogo pograničnogo sloja atmosfery. Trudy GGO, 362 (1975) S. 96—106.

SCHALLER, E.: Time and height variability of the sensible heat flux in the surface layer. Boundary-Layer Meteor., **11** (1977) S. 329—354.

SHIR, C. C., R. D. BORNSTEIN: Eddy exchange coefficients in numerical models of the planetary boundary layer. Boundary-Layer Meteor., **11** (1977) S. 171—185.

WAGNER, A.: Zur Theorie des täglichen Ganges der Windverhältnisse. Gerlands Beitr. Geophys., **47** (1936) S. 172—202.

WALMSLEY, J. L.: Numerical experiments with an air-water boundary-layer model. J. Meteor. Soc., Japan, Ser. 2, 51 (1973) S. 388 to 399.

WATSON, G. N.: A treatise on the theory of Bessel-functions. Cambridge 1966, 804 S.

WIPPERMANN, F.: The planetary boundary layer of the atmosphere. Ann. Meteor. (N.F.) 7 (1973) 346 S.

ABHANDLUNGEN DES METEOROLOGISCHEN DIENSTES
DER DEUTSCHEN DEMOKRATISCHEN REPUBLIK

Abhandlungen

Band XVII

Nr. 125—130

Inhalt des XVII. Bandes

ABHANDLUNGEN DES METEOROLOGISCHEN DIENSTES
DER DEUTSCHEN DEMOKRATISCHEN REPUBLIK

Abhandlungen

Band XVIII

Nr. 131—136

Inhalt des XVIII. Bandes